숲 자연 문화유산 해설

Interpreting Our Heritage
by Freeman Tilden

Interpreting Our Heritage

숲 자연 문화유산 해설

숲 자연 문화유산 해설의 아버지가 쓴
해설의 바이블

프리만 틸든 지음 ㅡ 조계중 옮김

수문출판사

생활수준 향상으로 외국 나들이가 빈번해지면서 잘 운영되고 정비된 외국의 거대한 산과 국립공원 또는 박물관들이 부러움으로 다가와 우리의 고귀하고 아름다운 산과 국립공원이나 보호구역에 대해서 비평을 많이 한다.

선진국의 경우, 박물관이나 보호구역 및 국립공원의 자원을 보호하기 위한 헌신적인 자연운동가들과 해설가들의 노력으로 현재의 상태로 보호되고 유지되어 온 것이다.

우리나라의 경우, 지금까지도 산림과 국립공원에 대한 국민들의 인식이 크게 변화되지 않은 상태로 야외 소풍 장소 또는 체력단련 장소쯤으로 여기고 있는 실정이고 그들이 남기고 간 여행의 찌꺼기와 여기저기 내던져진 향락의 잔흔들로 우리의 산림과 공원은 극심한 피로에 젖어있다.

수많은 산과 국립공원의 소중한 자원이 밀려드는 향락인파로 훼손되어가는 안타까움과 우려의 목소리가 어제 오늘이 아닌데도 사람들은 계속 이러한 지역의 자원을 망가뜨리고 있다.

우리 만이 가지고 있는 아름다운 산과 강 그리고 바다 할 것 없이 국민들의 레저와 레크리에이션 장소로 전락되어 몸살을 앓고 있다. 지금 공원이나 역사적인 장소 또는 문화유산과 유적지를 찾는 수 백만 명의 방문객에게 그러한 장소에서 보고 느끼고 배우고 인식할 수 있도록, 그리고 아름다운 우리의 귀중한 자연 문화유산을 잘 보존된 상태로 후손들에게 물려줄 수 있도록 보호하고 해설해야 될 책임이 우리에게 있다.

산과 공원을 찾는 방문객에게 자원에 대한 중요성과 후손들에게 귀중한 자원을 온전히 물려주기 위한 일환으로 공원 및 산림 보호구역에서 자연환경해설 정착과 철저하게 관리를 하고 있는 많은 선진국들의 노력은 참으로 값진 일이라 할 수 있다.

이런 맥락에서 우리나라에서도 보호 가치가 있는 자원의 중요성을 인식시키기 위한 자연환경해설의 도입과 정착이 필수적이라 할 수 있는데, 그저 복잡하고 어려운 안내 표지판만 세운다고 국민들의 인식이 바뀌지는 않을 것이다.

방문객에게 아름다운 산 그리고 국립공원들과 귀중한 문화유산들을 어떻게 보호하고 해설해야 할까? 우리가 미국과 자연의 방대함을 논할 수 없듯이 미국은 우리의 역사와 전통 그리고 방대한 양의 유산과 문화재를 비교할 수 없을 것이다.

이 책의 저자 프리만 틸든(Freeman Tilden)의 수많은 예시와 경험들이 우리의 상황에 직접적으로 적용될 수는 없겠지만 그들이 바라보는 자연과 문화유산에 대한 아름다운 눈은 우리의 눈과 크게 다르지는 않다.

우리의 역사를 통해서 보는 수많은 해석학이나 금석학 또는 역사적인 기행문 등이 틸든의 관점에서 보았다면 모든 것이 살아 있는 전설로서 그에게 다가와 그는 평생을 저술하는 데만 인생을 바쳤다하더라도 부족할 것이다.

신문기자이며 작가였던 틸든은 생애 후반에 국립공원과 인연을 맺어 자연보존 분야에 헌신하는 것을 최대의 목표로 해설학에 대한 이론을 집대성시켰으며, 특히 미국 문화에 있어서 국립공원의 상징성을 강조해 그가 바라보는 해설학은 스스로 정립한 6대 원칙에 자세히 나타난다.

예를 들어, 해설학은 가르치는 것이 아니라 자극을 유발시키고, 부분보다는 전체에 목표를 두는 예술로서 사물들이 과학적이고 역사적, 혹은 건축적이건 간에 여러 예술들을 함께 묶어 정보(information)에 근거한 표출로서, 정보 그 자체는 해설학이 아니며 방문객의 내부에 있는 어떤 것을 묘사하여 나타내주지 못하는 해설학은 쓸모가 없다고 했다. 가장 중요한 하나로 틸든은 미래의 주인공인 어린이에게 적용되는 해설학은 성인에게 하는 해설과 섞여져서는 안되고, 기본적으로 다른 접근을 통해서 적용해야 한다고 했다.

이 책은 또한 우리의 산과 중요한 공원 박물관과 역사 유적지의 자연과 환경을 이해하고 인식하는 현장 숲해설가, 자연, 그리고 문화관광 해설가나 야외교육 또는 환경교육을 담당하는 교육자들에게도 아주 중요한 참고 서적이라고 확신한다.

저자 프리만 틸든은 해설학 분야에서 '해설학의 아버지'로 불리고 있으며, 1957년에 초판을 발행한 이후 제3판까지 내놓은 이 책은 해설학의 이론을 체계적으로 정립한 이론과 해설의 철학서로 수많은 현장 예시와 함께 그가 경험을 토대로 섬세하게 정리해 놓은 해설학의 기본서다.

자연 보존분야에 헌신하면서 미국문화에 산림과 국립공원의 상징성을 강조한 그는 실질적인 경험을 토대로 해설학은 거대한 미 대륙의 한 곳에 치우치지 않고 사방의 수많은 산림과 공원, 역사적인 장소와 문화유산을 찾아, 일반에게는 거의 알려지지 않은 시골의 조그만 옛 방앗간까지 찾아다니며 미국인들에게 자연, 역사, 문화 그리고 공원을 보는 눈을 뜨게 해주었다.

이 책에서 프리만 틸든은 수많은 방문객들에게 적절한 유머와 위트를 사용해 해설학에 대한 가치와, 자연 문화유산의 보호에 대한 필요성을 직접 지적하며 방법을 자세히 일러주고 있다.

생생하고 감동적인 프리만 틸든의 해설을 따라 아름다운 장소와 기이한 전설을 하나씩 접하다 보면 우리는 실로 커다란 간접적인 경험과 해설학의 다양성을 파악하게 될 것이다.

선사시대에 존재했었던 역사적인 유물이나 비석 등을 연구하는 우리의 해석학이나 금석학에 비할 데 없지만 현대사에서 바라보는 우리의 공원, 자연, 역사, 문화에 대한 해설학은 보다 체계적으로 많은 연구가 행해져야 된다고 본다.

이 책을 읽고 많은 해설가들이 사람과의 단순한 관계로 규정되는 방문객으로서의 자신이 아니라 숲과 자연의 자신 그리고 자연의 실존적인 존재로서의 자신을 찾아 볼 수 있는 기회를 갖길 바란다.

항상 용기를 북돋아 주셨던 Gail Vander Stoep 교수님 그리고 Gary Mullins 교수님과 수문출판사 이수용 사장님께 감사를 드린다. 그리고 교정을 봐준 이치성 선생님과 영원한 연인인 아내와 책을 내는 기쁨을 함께하고 싶다.

2007년 7월 향림골에서
조계중

This translation of Freeman Tilden's book, titled 「Interpreting our heritage」, into Korean is the outgrowth of Mr. Kye Joong Cho's dream and commitment to expanding ideas about and implementing quality interpretive message in his home country of Korea.

Mr. Cho traveled to the United States to pursue his Masters degree in interpretive communications and environmental education at Michigan State University.

Recognizing that Korea is blessed with a long and rich history, a fascinating culture and incredible variety in its natural resources, he saw a need to more effectively share stories of these resources with a population that often is not aware of the stories, nor of their relationships with the history, culture and natural resources of the country.

Having had the opportunity to learn, both through academic coursework as well as participating in professional interpretation conferences and working for two summers with the United States' National Park Service, he felt a professional responsibility to share some of what he learned with colleagues in Korea. Sharing the thoughts of Tilden, sometimes fondly called the 'Father of Interpretation' in the United States, is a first step.

As you read this book, recognize that it was written from a western cultural perspective. Some of the illustrative examples presented by Tilden may not be directly appropriate for Korean application. However, there still are some fundamental philosophical perspectives shared by Tilden that may express approaches to interpretive communication that can be adapted for Korean application.

For example, for communication to be effective, the communication must make the information relevant to the receiver. Techniques to actively involve people in their own learning, and to provoke their personal assessment of messages and issues can be implemented in any language. So read this book for the challenges it presents as a basis for developing effective interpretive communications.

Use it as a springboard for further learning, further creative development of techniques and strategies to tell the story of Korea-to its own residents as well as those who travel to Korea to experience and learn about a culture and country different from their own. Congratulations to Mr. Cho for taking a big first step in contributing to further development of the interpretive profession in Korea.

Dr. Gail A. Vander Stoep Michigan State University, USA
Former President, National Association for Interpretation

■ 차례

□ 옮긴이의 말 5
□ 추천사 9
□ 제3판을 출판하면서 13

제1부
1장 해설의 원칙 19
2장 방문객의 첫 번째 관심 33
3장 가공되지 않은 원 재료와 그 것의 산물 46
4장 이야기는 사물이다 60
5장 '가르침' 보다는 '자극' 68
6장 완벽한 전체를 향해 81
7장 어린이를 위해 93

제2부
8장 기록된 언어 109
9장 과거를 현재로 127
10장 지나치면 아무 것도 143
11장 美의 신비 153
12장 매우 중요한 요인 162
13장 기계 장치에 대해서 170
14장 행복한 아마추어 178
15장 美의 추억 191

전(前) 미국 국립공원청 청장이었던 뉴턴 드루리(Newton Drury) 씨
는 국립공원이란 "단순히 아름다운 경치와 역사적인 곳으로 보존하
기 위해서만 정한 것은 아니다"라고 말했다.

공원은 인간의 마음과 정신 건강에 크게 이바지한다는 점에서 독특
한 가치가 있으므로 더 많은 유익함을 제공한다. 점점 더 많은 국민
들이 일상생활에서 선택할 여가 시간과 휴양활동을 국립공원에서 찾
고 싶어 하는 복잡한 시대에 이러한 목적과 가치는 더욱 큰 의미가 있
다고 생각한다.

이 책은 이러한 목적을 깨닫는데 도움이 될 것이며, 여러 해 동안 공
원을 찾는 수백만 명의 탐방객들에게 그들이 인식했던 것을 개인적인
경험으로 전환시키는데 도움이 되어왔으며, 방문객 개개인이 보았던
것 이외의 또 다른 사실들을 중요하게 생각하도록 도와주었다.

자연환경을 이해하고 인식하는 전문적인 전달자인 공원해설가에
게도 마찬가지였으며 프리만 틸든(Freeman Tilden)이 반세기 전에 초
판 『숲 자연 문화유산 해설 *Interpreting Our Heritage*』에서 개념을

전달했다.

　이 책이 단순히 해설방법과 묘안에 대한 내용이었더라면 오래 전에 쓸모없는 한 권의 해설서가 되었을 것이다. 틸든은 기본적인 개념들 즉, 해설가들에게 필요한 기술과 방법에 대한 철학의 기초가 되는 원리들을 소개하였다.

　해설 철학의 개척자이며 오늘날 공원 해설학의 아버지로 인식되어진 틸든은 『숲 자연 문화유산 해설』을 통해 미국의 국립공원 보존 운동에 대한 거대한 이정표를 남겼다.

　『숲 자연 문화유산 해설』이 공원관리 경영분야에서 공인된 고전이 되어 학생과 전문가들이 읽고 또 되풀이해서 읽은 놀랄 일이 아니다. 지금도 그의 말이 귀에 쟁쟁하다.

　틸든과 동시대를 살았던 시거드 올슨(Sigurd Olson)은 다음과 같이 썼다.

　"우리가 태어났을 때는 경이로웠으며 호기심이 있었고, 초기에 많은 호기심을 제공해주었던 반면, 지금은 그러한 고유의 기쁨들이 사라졌음을 안다. 또한 우리들 내부에 깊게 내재되어 있는 기쁨의 불꽃은 우리가 인식하고 마음의 문을 열면 또다시 타오르게 될 것임을 안다."

　프리만 틸든은 다른 사람들의 마음 속에서 불꽃으로 타오를 수 있는 방법을 이 책에서 가르쳐 주며 고귀한 재치와 비꼬는 것 같은 유머로 우리를 '아주 귀중한 요소(즉 모든 형태의 미를 사랑하는 것)' 속으로 이끈다. 제14장 '행복한 아마추어(The Happy Amateur)'에서 많은 사람들이 여가 시간을 풍부하게 보내는 방법을 물었을 때 그들에게 말했다.

　공원 관리청과 관련된 사람들은 오랫동안 프리만 틸든을 귀중한 친구나 동료로 생각해 왔었다. 국립공원 관리청이 작가와 출판업자와 협력해서 세 번째 판을 출간했다는 사실은 대단히 자부심을 느낄 만한 매우 기쁜 일이다.

틸든이 사용했던 말들이 자연과 문화유산을 관리하는 일에 종사하는 많은 사람들에게 충고와 영감으로 계속 지탱하게 해 줄 것이기 때문에 개인적으로 매우 기쁘게 생각한다.

워싱턴 D.C 게리 에버하트
1976년 7월 국립공원청 청장

제1부

1장
해설의 원칙

　이 책에서 사용된 해설이라는 용어는 공적인 봉사를 의미한다. 해설은 최근에 문화적인 한 분야가 되어 정확한 뜻을 사전에 꼭 의존한다는 것은 큰 의미가 없다. 몇 가지 진부한 의미를 빼고는 아직도 일반적으로 특별한 의미 즉 전문 언어학자가 어떤 언어를 다른 언어로 번역하는 일, 법적인 기록에 근거한 해석이나 심지어 꿈이나 징조를 신비스럽게 설명하는 일 등을 의미한다.

　매년 수십만 명의 국민들은 자연적인 또는 인공적인 역사유산을 즐기고 볼 수 있는 보물이나 성지를 광범위하게 보존하고 있는 장소, 즉 국립공원이나 기념관, 도·시립공원과 전쟁 유적지, 공적·사적 소유의 역사적 건물들 그리고 크고 작은 박물관 등을 방문한다.

　만일 탐방객이 위에서 말한 어떤 장소를 방문한다면, 그는 징규교육기관인 학교교육보다 어떤 면으로는 훨씬 더 좋은 일종의 선택적인 교육을 접하게 된다. 왜냐하면 탐방객은 신비한 그 방문에서 자연의 유산이나 혹은 인간의 유·무형 유물이건 사물 그 자체를 접할 수 있기 때문이다.

누군가가 "개인적으로 역사적인 성지를 방문하여 직접적인 체험을 할 때, 아무리 자세히 잘 설명된 교과서라도 성지 그 자체를 대신 할 수 없다는 개념을 받아들이는 것이다"라고 했다. 그런 맥락에서 볼 때, 미국 애리조나 주의 그랜드 캐년 국립공원의 가장자리에 서서 협곡을 바라보면 그 어떤 사람도 거대한 계곡의 틈을 설명할 수 없을 정도로 정신적으로 고양되어짐을 느끼는 것과 같다.

수천 명의 자연주의자와 역사가나 고고학자들 그리고 다른 전문가들은 일종의 아름다움이나 경이로움을 원하는 탐방객들에게 영감이나 또는 자신의 감각으로 미처 느끼지 못한 정신적인 미를 보여준다. 해설은 소중한 것을 보호하는 기능을 가지고 있다.

어떤 사람들은 '해설'이란 용어의 정의에 대한 논쟁으로 생기는 잘못된 개념이 두려워 해설을 그들이 믿고 있는 것으로 간단히 묘사하려 한다. 새로운 교육 계획에 종사하는 사람들조차도 '해설'이라는 용어 사용을 반대하였다. 공원 관리청이나 혹은 중용을 취하려고 노력하는 어느 기관 중, "우리가 중간 입장에 놓여 있다"라고 즉각적으로 주장한 말을 결코 찾을 수가 없었다.

이러한 교육적 활동, 즉 과학이나 예술 아니면 이 둘을 함께 행하는 모든 과정에서 언제나 뜻하지 않은 상황은 존재한다. 해설은 오직 교육적 활동을 기준으로 하는 어떤 철학과 관련된 만족과 불만족을 수행했다.

국립공원이나 훨씬 더 작은 장소에서도 해설에 대한 몇 가지 훌륭한 보기를 접할 수 있었다. 질문을 통해서 해설가가 원칙에 대해서는 하나도 알지 못하고 단지 영감을 따르고 있다는 것도 발견했다. 실제로 주변에 순수한 영감이 충분하다면 해설이 그 일을 수행할 만한 최

군집생활을 하는 곤충은
해설을 위한 훌륭한 주제가
된다. 워싱톤 디시 록 크릭
자연탐방안내소에서 내부를
볼 수 있는 벌집은
남녀노소에게 인기가 높다.

고의 길이라고 믿는다. 우리는 모든 것에
대해 천재들만큼 복잡하지 않다. 다만 몇
가지 가르칠 만한 원칙과 해설가를 위한 학
교가 몇 개 있었을 것이라고 마음 속으로만 희망하면서 해설의 서투
른 활동에 참여하기만 하면 된다.

   이 책은 앞서 언급했었던 다양한 문화의 보존적인 관점에서 활용되
었던 해설의 연구나 철학이 있는지에 대해서 그리고 만일 있다면, 비
록 해설가가 영감을 받지 않았어도 적절하게 일할 수 있으리라는 확
신으로 수행해 나갈 수 있는 기본적 원칙들이 있는지에 대한 연구로
부터 출발한다.

   인간이 초기의 문화 활동을 시작할 때부터 해설가는 있었다. 모든
훌륭한 교사는 해설가였다. 문제는 자신을 특별히 대단한 사람으로
좀처럼 생각하지 않고 해설을 가르침의 일부로 여겨, 해설이 지극히
개인적이며 암시적이라는 것을 '크리스마스 메시지'라는 설교에서
헤리 에머슨 포스딕(Herry Emerson Fosdick)은 예수에 대해 말하면서

바다는 자연의 거대한 보고다.
자연주의 레인저가 어린
탐방객에게 아카디아
국립공원의 해안에서 자라는
성게에 대해 해설하고 있다.

이 말의 가장 적절한 의미에 대해 매우 심오한 의미를 일깨워주었다.
그는 "두 종류의 위대함이 있다"고 말했다.

하나는 역사의 과정을 만드는 거대한 개인의 천재성이며 다른 하나
는 계시자—사람들에게 알려지지 않았던 곳에 언제나 있으며 세상
의 보편적인 것을 밝히는 사람—의 천재성이다. 사람의 천재성은 자
신의 내부가 아니라 외부에서 밝혀내는데, 우주는 어느 영역에서도
가장 고귀한 종류의 위대함에 있다.

지난 10년간 대학생들은 여러 교수들 중에서 하버드 대학의 코플
랜드(Copeland)와 노튼(Norton), 그리고 브라운 대학의 범퍼스
(Bumpus)를 경외하거나 존경한다고 말했다. 그 이유는 마음의 보편
성을 통해 그러한 교수들이 사물의 영혼을 투영하기 위한 육체에 대
해서는 직감적으로 무관심했기 때문이다.

범퍼스의 제자 한명이 그의 스승에 대해 다음과 같이 말했다.

"교수님은 철저히 지구에 있기를 즐겼으며 지구에는 아주 많은 것들로 가득 차 있음을 알고 계셨다. 이러한 것들을 새로운 면에서 지적하셨다… 교수님은 설명하기 위해, 표현의 감각과 표현에 대한 욕구는 수많은 것들의 사실적인 진실성만큼 매우 중요하다는 것을 결코 잊지 않으셨다."

어떤 숙련된 해설가가 거대한 삼나무의 성장 나이테를 인간사와 비교하여 관련지었던 것이 떠올랐다.

효과 있는 해설을 위해서는 해설의 올바른 방향과 탁월한 연구의 계속적인 관심이 있어야 하므로 이 도입 장(章)은 기원의 중요함을 강조하는 것만큼 중요하다. 에드워드 알렉산더(Alexander)는 〈고전 (*Antiques*)〉이라는 잡지에 실렸던 '역사적인 식민지풍의 윌리암스버그[1]의 보존'에 대해 다음과 같이 썼다.

'연구는 지속적인 욕구이며 훌륭한 보존을 위한 활력의 근원이다. 역사적인 정통성이나 적절한 해설을 위해서는 사실적인 요소가 필요하다. 연구는 바로 이러한 사실을 얻기 위한 방법이다. 연구를 대신해 줄 만한 것이 없으며 연구 없이는 어떠한 역사적 보존도 존재할 수 없다.'

식민지풍의 윌리암스버그 자체는 이러한 사실의 이상적인 보기를 제시한다. 박애주의자인 락펠러(Rockefeller) 씨의 공헌으로, 아주 유능한 학자들이 여러 분야에서 초기 미국 역사의 한 단면을 아름답고 정확하게 그리고 또 마지막까지 삶을 소생시켜주는 경험과 기술 등 모든 것을 보여줄 수 있었다.

그 진술에 대한 증거들이 국립공원 관리청 역사과(歷史課)의 분야에

---

1 윌리암스버그(Williamsburg); 1633년에 영국 개척자에 의해 정착된 버지니아 주(Virginia)에 있는 역사적 도시

서 많이 발견되고 있다. 이렇듯 해설에 대한 연구는 만족을 주어야 하는 것으로 크레이터 호수[2]를 찾는 방문객의 경험을 자극할 수 있어야 된다. 크레이터 호수 국립공원에서의 해설은 방문객이 호수 주변의 아름다움을 느낄 수 있도록 장엄한 자연의 힘에 대해 깨달을 수 있는 신비로운 즐거움의 한계를 뛰어넘을 수 있는 곳까지 인도하고 있다.

이런 경험은 지속적인 연구를 통해 가능하다. 왜냐하면 강력한 화산 분화구의 함몰지형인 칼데라[3] 호수의 기원이 처음에는 받아들여졌으나 지금은 일반적으로 그렇지 않기 때문이다. 크레이터 호수에서 지질학자만이 연구를 한 것은 아니었다. 고고학자를 포함한 많은 다른 전문가들도 그 사실을 밝히는데 몰두했었다.

버지니아 주 알링톤(Arlington)에 있는 커스티스리 맨션[4]에서 활기 넘쳤던 해설 내용은 일반적인 것에 만족할 수 없었던 역사가들의 끈질긴 노력의 결과였다. 우리 자신들의 일상 경험과 접촉하게 되는 많은 세부적인 가족사항을 두 가족의 기록에서도 찾을 수 있었다.

어린 조지 워싱턴과 관련이 있는 니세서티 성[5] 앞에서, "어떤 내용이 그림과 맞지 않다"라고 말했음에도 불구하고 엉성한 관찰과 추측만으로는 사실을 알 수 없었다. 울타리의 재건축은 정말 잘못된 전제에 근거를 두었다. 포기하지 않았던 공원 관리청 고고학자들은 여러 번의 좌절이 있었지만 마침내 이런 사소한 미개척 분야를 실제처럼 묘사할 수 있었다.

---

2 크레이터 호수(Crater Lake); 미 서북부 오리건 주에 있는 국립공원
3 칼데라(Caldera); 에스파냐어로 '남비'라는 뜻의 칼데라는 지름이 3km 이상이고, 그 이하는 분화구라 부른다.
4 커스티스리 맨션(Custis-Lee Mansion); 미 남북전쟁 당시 남군 리(Lee) 장군의 집, 훗날 알링턴 국립묘지(Arlington National Cemetery)로 개명
5 니세서티 성(Fort Necessity); 미 펜실베니아 서남쪽에 있는 전쟁 유적지

열정적인 어린이들이 요세미티 국립공원의 툴루미 초원지대의 '어린이 자연 체험 걷기' 프로그램에 참여하여 화강암을 오르고 있다.

여러 해 동안 넬슨(Nelson)이라는 큰 뿔을 가진 양이 죽음의 계곡[6]에 갇혀서 거의 사라졌다고 회자되어 왔다. 실제로는 계곡의 찜통 같은 무더운 여름더위 속에서 양을 제외한 동물의 무리와 같이 살았던 자연주의자 랄프 웰스(Ralph Wells)의 노력으로 지금은 양들도 그 계곡에 자생한다는 중요한 사실을 모든 사람들이 믿

---

6 죽음의 계곡 (Death Valley): 미 네바다 주와 캘리포니아 주의 경계에 있는 유적지로 계곡의 대부분이 바다 수면보다 낮다. 가장 낮은 지역은 수면보다 85미터나 낮고 여름 최고 기온이 57도까지 올라간 기록이 있다.

자연주의자 레인저 칼
샤스미쓰 씨는 소나무 잎으로
원숭이 꽃을 자극하여
움직이는 방법을 보여 준다.

게 되었다.

이와 관련해서, 국립 공룡유적지[7]와 제임
스타운(Jamestown)이 콜로라도 주와 유타 주의 경계에 있다. 거기에
서는 1957년 박람회를 준비할 때, 발굴 작업으로 처음에 영어를 사용
하는 초기 소수 식민지 개척자들과 원주민들 유적에 생기를 불어넣어
소생이 가능하게 했다.

어떻게 그런 탁월한 연구를 할 수 있었을까 하고 생각할 때면, 내
마음은 조지아 주에 있는 프레드리카 성[8]으로 향하는데, 처음 이 성

---

7 국립 공룡유적지(Dinosaur National Monument); 1915년 국립 공룡유적지로 지정된 미 콜
로라도 주 북서쪽에서 유타 주 북동쪽에 걸쳐 있으며, 화석 발굴 작업을 직접 관람할 수 있다.

에 대해 가졌던 인상을 연구에 이용하여 생각하는 것이 자연스럽기 때문이다.

브룬스윅(Brunswick)[9] 근해 섬에 있는 오글리소프(Oglethorpe)의 거류지에서 역사학자들과 고고학자들이 한 팀이 되어 일하기 전, 관광객을 안내하는 자원봉사자가 부족했을 때 나는 자원해서 관광객을 대상으로 해설을 한 적이 있다.

큰 강어귀의 정면에 위치한 그 고대 유적지는 커다란 참나무가 자라고 있었으며 사람의 마음을 달래주는 매력적인 곳이었지만 그것을 원상태로 복원하는 것은 거의 불가능하다는 것을 알았다. 역사적인 배경을 잘 알고 있었으나 방문객의 눈은 나로 인해 계속해서 방황하고 있었다. 나는 그들의 생각을 알고 있었다. '그것은 무엇이었을까?' 유적지의 구조는 방문객의 관심을 끌지 못했고 흙무덤들은 거대한 땅의 무덤 같았다. 또한 그 무덤들에 대해서는 기록이 없다.

발굴자들이 호킨스(Hawkins)의 집을 발견한 후, 나는 다시 프레드리카 성으로 향했다. 또 다른 사람에게 이 성에 대해 이야기할 수 있어 기뻤다. 담과 드러낸 벽의 차이점이 참으로 크구나! 누군가가 여기에 살았었다, 이것이 마을이 있었다는 흔적이고 지금도 존재한다.

몇 년 전 미국 남부 뉴멕시코 주의 제메즈 산[10]의 가파른 언덕을 오르면서, 여러 종류의 바다 조개껍질 화석이 많이 흩뿌려진 우물터를 발견했다.

고도 2,500미터 정도 되는 곳에 패총이 있었다는 것이 놀라운 일이 아니라 조개껍질을 분명하게 보았던 신사 시대 사람들이 바다 조개

---

8 프레드리카 성(Fort Frederica); 1736년 오글리소프가 건축한 성
9 브룬스윅(Brunswick); 미국 조지아 주 남동부 대서양 있는 항구도시
10 제메즈 산(Mountain Jemez); 1300만 년 전부터 13만 년 전까지의 화산 폭발로 생긴 산

껍질 화석을 생각했다는 것이 놀라웠다. 땅
이 천천히 융기되기 전에 이 지점의 어딘가
에 얕은 바다의 해안선이 가까이 있었다.

잘 관찰하면 목초지에서
수많은 아름다운 것들을
발견할 수 있다.

어떻게 이것을 알았을까? 모든 문제를 해결하는 전체 속에서 외견
상 관련이 없는 조그마한 사실들을 이해하게 되자 그 이야기의 의문
점이 쉽게 풀렸다.

개선되어야 할 차이점을 줄이기 위해 국립공원 관리청, 주·시립공원, 박물관 그리고 문화재를 담당하는 유사한 기관에서 말하는 해설의 기능을 정의하면 다음과 같다.

단순한 사실의 전달이 아니라 당장의 경험이나 예시적인 매개체로 원래의 사물을 사용함으로써 그 의미나 관계를 나타내려는데 목표를 두는 교육적인 활동.

강조하자면, 이것은 해설의 현재 개념이며 일반적으로 받아들여진 해설의 객관적인 개념 만을 논리적으로 설명하는 사전상의 의미이다. 진정한 해설가는 사전상의 개념에 의존하지 않을 것이고 정보를 얻을 준비를 하고 연구에 열중하는 것 이외에도, 확실함을 넘어 사실을, 부분을 넘어 전체로, 사실을 넘어 중요한 가치에 이른다.

그래서 해설가에 대해 고려해 볼 때, 해설의 개념에 대해서 간단히 다음과 같이 두 가지를 말한다. 하나는 개인적인 설명이고 다른 하나는 대중과의 접촉에 관한 것이다. 첫째는, 해설가에게 해설은 어떤 사실의 진술 이상의 사실을 나타낸다.

다른 하나는, "해설은 인간의 마음과 영혼을 풍부하게 하는데 필요한 단순한 호기심을 이용해야만 한다"는 훈계로써 더 정확히 묘사되었다.

개념의 문제에서는, 쉽게 동의 할 수 있는 어떤 것에 접근하려고 노력해왔다. 이는 사진 편찬자의 최상의 노력으로도 좀처럼 만족할 수 없다. 그렇게 생각하지는 않지만, 동의어로 단어를 찾는 개념은 너무 광범위하거나 혹은 우리가 믿고 있는 것이 중요하다고 강조할 수 없다.

강은 화강암 바위가 마모되어 생긴 모래를 바다로 운반한다.

위의 개념에 대한 논리에 따르면, 해설가가 유용하며 자극적인 그 자신 만의 것을 가지기를 바란다. 만일 원칙에 동의한다면, 개인을 강조하거나 무관심한 것 때문에 가치에 해가 되는 것이 아니라 그런 원칙을 진실하게 감상하는 결과다.

그러면 원칙은 무엇인가? 여기에서 해설의 구조를 충분히 뒷받침 하는 여섯 가지 기본 원리를 발견한다. 6이라는 숫자에 어떤 매력이 있는 것은 아니다. 독자들이 아마도 이런 몇 가지 원칙들을 은연중에 지적하게 될 것이다. 결국 그것은 단지 하나 밖에 없으며 발표된 다른 것들은 추론임을 알게 된다.

반면에 그 주제에 대해 공식화된 철학에 관심이 있는 한, 불모지에서 연구하고 있기에 독자들을 더 많이 연구하도록 일깨워 줄 수 있다. 이 책이 결코 완결되었거나 한계가 없다고 미화하지는 않는다.

자연적인 문화유산의 체계적인 보존이나 이용에 기본을 둔 새로운 방법의 전체 교육에 확실히 기여하고 있다. 활동 범위는 더 역사 깊은 나라나 다른 시대와도 비할 수가 없다.

해설적 노력이 글이나 말 혹은 기계적인 장치로 계획된 것이건 그렇지 않은 것이건 간에 만일 여섯 가지 원칙에 근거를 두었다면 옳다고 믿는다. 다양한 기술과 해설가의 개성 사이에서 생겨나는 장점에 분명히 차이가 있을 것이다. 이 책에서는 명백하게 그런 요인에는 관심이 없다. 국립공원 관리청에는 해

큰 소나무 숲은 휴식을 취하거나 자연의 소리를 들을 수 있는 좋은 장소다.

설가와 해설의 현장 실행 관리에 관한 지침서가 다양하다.

여기 해설의 여섯 가지 원칙이 있다.

첫째, 개인 혹은 방문객 내면을 나타내지 못하거나 묘사할 수 없는 해설은 쓸모가 없다.

둘째, 정보 자체는 해설이 아니다. 해설은 정보에 근거한 표현이지만 둘은 완전히 다르다. 모든 해설은 정보를 포함한다.

셋째, 해설은 전시된 자료들이 과학적이건 역사적이건 혹은 건축적이건 간에, 여러 예술들을 한 데 묶는다. 예술도 어느 정도는 가르칠 수 있다.

넷째, 해설의 주요 목표는 가르치는 것이 아니라 자극시키는 것이다

다섯째, 해설은 부분보다는 전체를 표현하는데 목표를 두어야만 하고, 어느 한 면 보다는 전체를 다루어야 한다.

여섯째, 어린이(가령, 12살까지)를 상대로 하는 해설은 어른을 상대로 하는 해설학과 섞여져서는 안 되며 기본적으로는 접근 방식을 다르게 해야 한다. 최선의 방법은 내용을 분리할 필요가 있다.

이 책에서 한 가지 혹은 그 이상의 삽화나 보기를 보충하지 않고는 어떠한 일반화에 대한 계획이 없으며, 비록 해설가는 문체가 해설의 중요한 요소라는 것을 잊지 말아야 된다고 말했지만 주요 의도는 문체라기보다는 간결성과 명확성이다.

"문체란 무엇인가?" 누군가가 프랑스 작가에게 물었을 때, 그 작가는 "문체는 인간 자체이다"라고 대답했다. 그래서 문체는 해설가라고 할 수 있다. 문체는 어떻게 생겼을까? 사랑에서부터 생겨났다. 나중에 사랑에 대해 이야기할 장(章)이 있을 것이다. 사랑은 여기에서 요소나 원칙이 아니라 사실은 열정이다.

2장
방문객의 첫 번째 관심

개인 혹은 방문객의 내면을 나타내지 못하거나 묘사 할 수 없는 해설은 쓸모가 없다.

우리는 그리스인, 로마인, 터키인, 승려, 왕, 성직자 또는 실행자가 되어야 한다고 책에서 읽었다. 비밀스런 경험 속에 있는 어떤 실재성으로 이런 이미지들을 고정시켜야 한다.

—랄프 왈도 에머슨

　방문객이 공원이나 박물관 그리고 역사적으로 가치가 있는 오래된 건축물이나 또는 그와 유사한 문화재를 방문하는 이유가 궁금해 흥미 있게 인간의 심리 속으로 깊이 들어가 해설할 필요가 있다. 해설가들은 가지각색의 다양한 이유가 있는 경험을 많이 하였고 다양해서 그 경험의 이름만을 열거해도 이 책을 모두 채울 것이다.

　그러므로 방문객의 방문 이유가 무엇이든 방문객은 거기 있었다고 추측해야 한다. 만일 우리가 해설의 첫 번째 원리를 만들려면 결정해야 할 것이 있다.

　방문객이 해설가와 함께 있는 동안 그의 주요 관심사가 무엇이며 가장 흥미로워 하는 것은 무엇일까?

　대답은 방문객의 주요한 관심사는 그의 개성과 경험 및 이상을 접하게 되는 내면 어디에서나 찾을 수 있다고 본다.

　해설에 대해서 우연히 들었거나 읽었던 성인 방문객은 해설가에 대

국유림 내 많은 탐방객
정보센터의 하나. 아이다호 주
소투스 국유림

한 일반적인 경외심은 없다. 방문객이 갖고 있지 않
은 특별한 지식을 해설가가 가지고 있다는 것을 당연
히 생각하고 그 지식을 소유한 사람, 특히 해설가가 제복을 입고 있
다면 심지어 그 외면의 사실까지도 존경한다. 해설가는 자신에 대한
자부심을 갖고 있으며 아마도 스스로를 마치 주변에 빙 둘러 앉아있
는 방문객의 중간 대화자로서 멋진 사람으로 생각할 것이다.

　물론 해설가 자신이 잘 알겠지만 스스로 말하기보다는 누군가와 직
접 말하기를 좋아한다는 것이 언제나 가능하다고 하기는 쉽지 않다.
둥근 탁자에 앉아서 하는 대화가 그렇게 될 수 없으므로 약간 다른 방
법으로 목표 달성을 위해 노력하다보면 어느 순간 간접적인 뚜렷한
방법이 있음을 알게 된다.

　방문객의 주요 관심사는 무엇보다 그 자신에게 해설가가 관심을 갖
도록 하는 것인데 그것은 친밀감이다. 방문객의 이런 태도는 우리가
일반적으로 알고 있는 이기심과 혼돈되어서는 안 된다. 유사하지도

않을 뿐만 아니라 동일하지도 않다.

메리암(C.E Merriam) 박사는 그의 책 「시민 만들기(The Making of Citizens)」에서 사람들에게 자신의 지나온 과거를 회고해보도록 촉구하는 힘을 묘사했다.

기본 구도는 물론 죽은 사람, 생존한 사람, 아직 태어나지 않은 사람, 자기 자신을 한 부분이라고 여기는 일련의 무리 그리고 사실은 자신이 실제로 어떤 단체의 일원이 되는 것을 기뻐하는 사람, 그리고 그 사실 때문에 자신을 세상에서 아주 중요하다고 여기는 개인까지를 국한시킨다. 그와 같이 나누는 모든 훌륭한 단체 즉 모든 단체의 훌륭한 사람은 그의 친구들이다. 모든 단체가 느끼는 슬픔 또한 그의 것이며 모든 희망과 슬픔은 인식되거나 또는 방해된 것과 똑같다.

그래서 그는 낮은 지위일지라도 위대한 단체의 일원이 된다. 그래서 비천했던 삶은 이전에 성취된 것 같지 않은 영광으로 섞여지고 그는 지위가 격상되며 더 높은 세계 속에 속한다. 거기서 그의 모든 위대한 조상과 함께 걷게 되고 뛰어난 무리 중의 한 사람의 피가 정맥에 들어오게 되며 자랑스럽게 그 무리의 평판과 분야를 안다.

이전에 국립공원 관리청의 해설가들을 '행복을 전하는 중간자' 라고 말한바 있다. 누군가가 다른 누군가를 행복하게 해 준다는 것이 가능할 것이다.

프랑스의 문인 니콜라스 삼포트(Chamfort)는 "행복은 쉽게 얻어지는 것이 아니다. 행복을 우리 내면에서 발견한다는 것도 어렵지만 그 밖의 다른 곳에서 찾기도 어렵다"라고 말했다.

초기 국립공원의 해설가가 공원에 대해 해설할 수 있는 어떤 내용으로 누군가를 직접적으로 행복하게 해줄 수는 없었겠지만, 한 팀이

된 서로 다른 사람이 즐겁게 그들의 행복을 위한 숨겨진 능력을 생생하게 발견할 수 있도록 하는 요소를 제공할 수 있었다.

일반적으로 말해서, 확실성은 인간을 행복하게 하며 불확실성은 정신적인 외로움과 불안의 근원이 된다. 그것을 알고 모르고 간에, 인간은 자연 속에서 그리고 군중 속에서 자신의 위치를 찾으려고 노력한다. 초기의 공원, 오염되지 않은 바다, 고고학적으로 가치 있는 유적지, 전투지, 동물원과 식물원, 그리고 역사적인 보호물들 등 수많은 요인들이 정확하게 이러한 인간의 야망을 가장 잘 충족시켜줄 장소이다.

방문객 자신은 이런 장소 가운데 어느 장소에서 자신의 욕구를 채워줄지 모른다 하더라도, 궁극적인 이유 때문에 수용하는 분위기가 된다. 이런 분위기를 극대화 하는 것이, 비록 그것이 단순한 호기심이나 채찍질에서 생긴다하더라도, 해설가에게는 하나의 도전이다.

만일 해설가가 방문객의 개인적인 경험과의 접촉, 생각, 희망, 생활방식, 사회적인 지위 혹은 그 밖의 어떤 것을 해설할 수 없거나 나타낼 수 없다면 방문객은 반응하지 않을 것이다. 해설가가 방문객과 순수한 의미로 해설가가 표출하는 것을 연결시킬 수 없다면, 물리적으로는 당장 해설가를 떠나지는 않겠지만 방문객의 관심을 잃게 될 것이다.

메리암(John Merriam) 박사는 그것을 '개인적인 관심과 연관 짓는 표현의 접촉'이라고 했다. 어떤 개인이 신문을 읽거나 연극을 볼 때, 본능적으로 어떤 상황에서 자신의 특징이나 행위가 연관되는 것과 관련지어 허구적인 행동을 생각한다.

박물관에서 활동하는 해설가는 방문객을 마음으로 만나기가 쉽지 않겠지만 분명 방문객에게 어떤 메시지를 남겨야한다. 보통 이것은

다양한 이용 개념에 초점을
맞춘 국유림에서의 해설 장면.

분류표의 형태를 취하게 되는데, 대부분의

해설가들은 "박물관이란 별난 사람들이 잘 예시하고 정돈해놓은 일
련의 분류표들이다"고 말한 브라운(Brown) 박사의 이야기를 많이 들
어왔다. 이것은 진실을 강조하기 위한 사려 깊은 과장이라고 생각한
다. 그러나 그러한 분류표는 확실히 깜짝 놀랄 수 있거나 전혀 그렇
지 않을 수도 있다. 분류표는 그 자체로 방문객의 성격 속으로 직접
투영되어질 수 있으며, 방문객이 보았던 사물과 직접 관련이 있다는
것을 느끼게 해준다.

　텍사스 주 샌 안토니오(San Antonio)에 있는 위트(Witte) 박물관의
분류표는 두 가지의 좋은 보기를 보여준다. 하나는 거대한 매머드의
해골에 대한 분류표로 '선사 시대의 매머드는 바로 수천 년 전에 여
기 텍사스에 있었다. 거대한 무리의 매머드들은 평원을 돌아다녔

수페리어 국유림을 찾은 방문객이 옛날 모피 무역 시절에 프랑스계 캐나다인으로 모피 뱃사공이던 그의 정력적인 삶을 오디오를 통해 듣고 있다.

다… 우연히 여러분이 지금 서 있는 이곳에서 수 천 년 전에 그 무리들이 평원을 돌아다녔다'는 내용이다.

여러분은 지금 어디에 있는가? 그렇게 질문함으로써 매머드는 시간적으로나 공간적으로 그렇게 시대의 생명체가 아니라 바로 방문객 여러분의 발 밑에 있었다는 것을 알게 된다. 같은 박물관에서 나온 또 다른 귀중한 분류표는 토착 인디언이 사용했던 웨스트 텍사스에 자생하는 식물인데 "당신은 물동이를 원합니까? 신발 한켤레? 담요, 바닥 덮개, 혹은 밧줄? 만일 그렇다면 이 용기―소톨[11] 식물, 곰풀, 악마의 신발끈―속에 있는 물건들이 당신의 목적을 충족시킬 것이다"라고 분류표에 적혀있다.

분류표를 읽고 난 후, 이 식물들을 보게 되는 방문객은 더 이상 선사시대의 사람과는 전혀 다른 이방인이 아니다. 방문객은 새로운 것을 알고 싶어 하는 욕구를 가졌을 것이고 이런 분류표들이 정확히 방문객의 욕구를 채워 주었을 것이다. 방문객과 선사시대 사람들은 마음으로 통하는 형제들이다. 그것은 확실히 '여러분'이라는 단어에 신경 쓰지 않는데 그것이 오히려 더 신경을 거슬리게 되기 때문이다. 같은 목표에 영향을 주는 여러 가지 방법이 있다. 방문객의 개성과 식물 전시의 분류표가 상호 작용한다면, 해설가는 직접적으로 방문객과 전시물 모두에 접촉할 만한 특권을 가지고 있으므로 그 목표에 훨씬 더 잘 도달할 수 있다.

방문객 개인의 경험을 위해 약간 단순하지만 예리한 일련의 드라마와 사물을 연관시켜 주는 숙련된 기술을 뉴욕 하이드 파크(Hyde Park)의 루즈벨트 집터에서 볼 수 있다. 집터에는 루즈벨트가 태어난 방이 있다. 해설가는 분류표를 세워놓고 "대통령 루즈벨트가 이 방에서 출생했다"라고 말할 수 있다. 이것은 정확한 정보라 할 수 있다. 혹은 방문객과 개인적 접촉을 통해서 방문객이 기뻐하는 정교한 방식으로 사실을 자유롭게 진술할 수 있다.

방문객은 행복감에 도취된 아빠, 즉 제임스 루즈벨트가 "오늘 아침 몸무게가 4.3kg인 개구장이 소년이 하이드 파크에 왔다"는 내용의 전보를 친구에게 보내는 과정을 재현하는 상황을 볼 수 있다. 그것은

---

11 소톨(sotol); 미 남서부와 Mexico에 걸쳐 자생하는 Dasylirion 종(種)의 식물

단지 방문객과 해설가가 재현할 수 있었던 것이고 루즈벨트 가족뿐만 아니라 루즈벨트의 가족 전체와 그 지역에서 깊은 가족애를 느낄 수 있다.

방문객은 궁극적으로 해설가의 눈을 통하지 않고 방문객 자신의 눈으로 사물을 본다는 것을 기억해야 한다. 즉 방문객은 영원히 그리고 결국은 해설되는 내용들을 '가능한 한 최고'로 자신에게 친숙한 지식이나 경험과 관련 있는 것으로 바꾼다.

나는 '*가능한 한 최고*'로 라는 단어를 이탤릭체로 썼다. 왜냐하면 그렇게 함으로써 가능한 이 번역을 쉽게 하려는 의도를 강조하기 위한 것이다. 연륜 연대학과 광합성과 생물상 그리고 분류학에 쓰이는 라틴어 같은 단어는 방문객에게 도움을 주지 못하고 오히려 방문객을 질식시킬 뿐이다. 사실 이런 전문적인 단어들을 그림으로 나타낼 만 한 시간이 있다고 하더라도 거의 나타낼 수 없다.

그러나 나는 오히려 해설가들이 단어에다 더 많은 부연설명을 하지 않아서 오히려 더 많은 어려움에 직면할까 걱정 된다. 대부분의 해설가가 방문객에게 선사시대나 현대의 인간의 활동과 평화 시기나 전쟁 시기에 대해 해설하면 해설을 듣는 사람의 마음 속에는 언제나 다음과 같은 질문이 생겨날 것이다. "내가 그와 같은 상황에 직면했었더라면 무엇을 했을까? 나의 운명은 어떻게 되었을까?" 워싱턴의 포타믹(Potamic)강을 가로 질러 있는 리 맨션에 방문객이 있을까?

로버트 리[12]는 결코 이 집을 오랫동안 소유하지 않았다. 그러나 그가 복무했던 미국과 미군을 사랑했던 사람이 결정을 내려야 했다면 그것은 엄청난 비극적인 상황이었음에 틀림없다. 버지니아(Virginia)는 그의 어머니였다. 그는 무엇을 했어야만 했을까? 이러한 복잡한

----

12 로버트 리(Robert E. Lee); 리 장군의 아버지

상황에서 방문객은 무엇을 했을까?

대부분의 역사가 다음과 같은 생각 즉, "여러분이 만일 그런 상황이었다면 무엇을 했겠소?"라고 자극함으로써(물론 배타적은 아니지만) 효과적으로 설명될 수 있다고 말하는 것은 그렇게 대단한 것이 아니다.

방문객은 아마도 미국 남서부 선사시대 인디언들이 던졌던 던지기 막대기에 대한 이야기를 들었을 것이다. 방문객이 팔을 뻗는 물리학의 원칙을 알아서 적용할 수 있었을까? 어린 인디언들이 막대기 끝을 날카롭게 했듯이, 많은 방문객이 푸른 사과에 막대기를 찔러 넣어서 다른 사람의 도움 없이 팔이나 손으로 던질 수 있는 것보다 더 멀리

산림청 소속 방문 정보담당 전문가가 V자형 나무 조각과 슈가 소나무(미국 서북부산 잣나무의 일종)의 솔방울을 이용해 캘리포니아 지역의 목재 경영에 대하여 해설하고 있다.

41

사과를 던졌다. 그것이 바로 선사시대 인디언들이 던
졌던 던지는 막대기였을 것이다. 아니었을까?

클락 위슬러 박사가 한 때 다음과 같이 말했다. "일반적으로 콜로
라도주의 메사 버드[13] 국립유적지 방문객은 남서부의 선사 시대 사람
들의 삶을 모른다. 모든 것이 이상하고 예측할 수 없게 보였을 것이기
때문이다". 지금 방문객이 추수 감사절 날 전형적인 현대식으로 저녁
식사를 마친 후 선사시대의 인디언 유적지를 찾았다고 상상해 보라.
그 방문객은 아마도 칠면조, 으깬 파이, 호박 파이 그리고 옥수수 빵
이나 다른 형태의 옥수수 요리를 먹고 있을 것이다.

존 코벳(Corbett)에 의하면 최소한 우리 현대 음식의 16종류가 원주

---

13 메사 버드(Mesa Verde); 호피 인디언족의 조상인 아나사지 족이 900년 경 돌과 흙을 햇
볕에 말려서 만든 벽돌을 이용하여 푸에블로라는 집단 거주지를 주로 절벽에 만들었는데,
방이 200개나 되는 절벽궁전이다.

혁명전쟁 때 군인들의 새로
재현된 오두막은 벨리포지
주립공원 해설에 도움을 준다.
보이스카우트 잼버리 대원들

민에게서 전수되었다고 말한다. 방문객에게 잠시나
마 과거와 현대를 명확하게 연관되어 있다는 것을 인
식시켜주는 것이다. 숙련된 해설은 우리 자신의 일상적인 존재가치
와 함께 순수하게 평행을 이루어 과거로부터 계속된다. 다른 시대의
사람들은 놀며 사랑하고 다투고 경의를 표하고 미(美)를 알았는데, 거
의 모든 요소들은 똑같다. 위슬러 박사는 진기함과 예측 불허를 언급
했다.

"이 사람들도 결국은 그렇게 다르지 않다"고 방문객은 말했다.

마지막으로, 이 장(章)에 대해서 위대한 생물학자인 헉슬리가 말했
던 것을 해설의 업적으로써 내 생각을 동일시하고 싶다.

헉슬리는 영국 어느 도시의 직업학교와 노르위시[14]에서도 강의했
다. 그는 강의를 "분필 한 조각 위에"라고 불렀다. 헉슬리의 강의내용

14 노르위시(Norwich); 영국 동해안 Norfolk주의 주도

이 너무나 훌륭한 작문이었기 때문에 고전적인 영문 표현법이 되었으며 많은 훌륭한 시집에도 실렸다. 지금은 문체가 아니라 해설로서 표현법의 우수성에 관심이 있다. 여기에 헉슬리의 개막사가 있다.

"만일 우물을 파 내려갈 때 노르위시의 도시 한 중앙에서 발이 우물에 잠기게 될 경우, 우물을 파는 사람들은 곧바로 하얀 물체가 너무 부드러워서 바위라 할 수 없음을 알게 될 것이다. 왜냐하면 그것은 우리 모두에게 '분필'로써 익숙해져 있기 때문이다."

헉슬리가 세계의 위대한 과학자임을 말하지 않고도 아주 자유롭고 쉬운 대화로 이렇게 시작했다고 생각해본다면, 청중은 즉시 전체의 일부분이 되어 따라가게 되어있다. 우물은 그들이 서 있는 바로 그 아래에서 파지게 될 것이고 결국 그 우물은 그들의 우물이 될 것이다. 동 페르시아(East Prussia)의 우물이 아니므로 그 우물은 그들의 우물이다. 나중에야 그들은 이 분필 층이 중앙아시아로 4,800킬로미터까지 확장되었음을 알게 될 것이다.

"인류의 커다란 역사적 부분은 분필로 쓰여 진다"라고 그렇게 과장하지 않아도 상상할 수 있는 이야기를 꺼냈다. 헉슬리는 분필을 다시 집으로 가져왔다. 모든 노르위시 목수는 호주머니에 이런 작은 분필을 가지고 다닌다.

"분필의 언어는 이해하기 어렵지 않다. 포괄적인 의미는 라틴어만큼 그렇게 어려운 것은 아니다" 주목해야할 말은 "해설을 해야만 한다"라는 의미다. 즉 "나는 해설가에게 해설가 여러분이 알아야만 된다는 것을 말하고 싶다"가 아니라 "그 분필이 여러분에게 어떤 것을 말할 것이다"라는 것이다.

이 순간 걸작이 탄생했다. "나는 지금 그 이야기를 함께 시작하길 원한다" 그 순간부터 헉슬리가 청중에게 말하고자 하는 모든 것은(그들에게 대부분은 거의 새로운 것) 청중과 그가 동료로서 함께 하면서 지금 막 발견 하려는 것과 같은 것이 될 것이다.

에머슨(Emerson)은 "세상은 존재하고 인간 개개인을 교육한다. 나이나 사회적 상황이나 역사적인 행위의 형태도 없다. 자신의 삶과 관련 있는 어떤 것도 없다"고 했다.

3장
가공되지 않은 원재료와 그 산물

정보(information) 자체는 해설이 아니다. 해설은 정보에 근거한 표현이지만 그 둘은 완전히 다르다. 모든 해설은 정보를 포함한다.

위대한 전쟁의 승패는 우리에게 큰 영향을 주지 않지만 훨씬 더 사소한 사건이 자세하게 묘사될 때 우리의 상상이나 관심은 오히려 더 큰 자극을 받는다. 우리가 인간의 지식을 행동과 단순한 접촉보다 더 좋아하기 때문이다.

—월터 스콧트 경 「프로이사의 입문」에서

국립공원 관리청에는 인사 안내를 총 망라한 행정책자가 있다. 이 책자의 한 부분에는 '현장 정보와 해설'에 대한 내용이 있다. 한 지역의 수준에서 '신문 발행'에 대해서 말한다면 고용인들이 알아야 할 훈령 중의 하나는 다음과 같다.

'신문 기사를 개인적 견해로 쓰지 말라. 그 이야기와 밀접하게 관련된 견해를 나타내고, 그 이야기에서 확인했던 사실이 포함된 진술만을 고수하라.'

물론 이것은 누군가에게 신중한 충고로 받아들여졌을 것이고 사실 그것은 해설 하려고 한 것이 아니고 그 내면에 내포된 의미를 뜻한다 하겠다.

이런 정책이 어떻게 신문에서 효과가 있었는지에 대한 보기를 제시하고자 한다. 아돌프 옥스(Ochs)가 뉴욕 타임지의 소유주이자 경영자이었을 때, 신문에서 정보와 해설의 위치에 대한 그의 논평은 소위

공원 해설가는 탐방객에게
자원과의 접촉 기회를 만들어
탐방객 스스로 해설을 하도록
돕는다. 메인 주 아카디아
국립공원

순수한 중립적인 태도를 취했다.

그의 입장에서 보면, 기자들이 사실 확인
이 가능하다 해서 사실 이상을 서술하는 것
은 옳지 않게 생각했다. 뉴스 해설은 사설 부분이다. 결국은 기자도
인간이므로 냉정한 기사에서 자신의 성격을 배제할 수 없었다 할지
라도 옥스가 재임하는 동안에는 중립적인 태도를 취하는 것이 뉴욕
타임지의 이상이었다.

뉴욕 선(Sun) 지(紙)의 다나(Dana)와 라판(Laffan)은 신문에서 정반

대의 견해를 나타냈다. 기자는 읽기 쉬운 흥미 위주의 기사를 작성하는 것이 아니라 좋은 내용의 기사를 만들어야 한다. 결과적으로, 항상 재치가 있었던 선(Sun) 지는 자주 신문기자의 신문이라 불리워졌다. 반면, 비록 타임 지가 옥스의 이상을 존경했다고 하더라도 저술단체는 타임 지가 특색이 없다고 하였다.

1906년에 발생한 샌프란시스코의 지진은 두 신문사의 견해를 비교할 수 있었던 좋은 기회였다. 몇 시간동안 계속된 지진 때문에 도시가 다른 세상과 완전히 단절되었다. 사람들은 소문이나, 견해 그리고 '사실(일반적으로 전혀 사실이 아니다)'이 빗나가고 세어 나가는 것에 의존하곤 했다. 타임 지는 이상을 유지하려고 새로운 소식을 부지런히 기고한 반면 선 지는 샌프란시스코 출신의 윌 어윈(W. Irwin)이라는 똑똑한 신문기자를 채용했다.

어윈이 쓴 '기사'는 언제나 신문의 고전이 될 것이다. 지진 사건도 그에게는 문제없었다. 그가 사랑하는 도시의 상징인 금문교(Golden Gate)가 깨지고 불탔다는 것을 알았다. 그와 작가인 형 월러스(Wallace)는 오후 내내 반 내스 가(Van Ness Avenue, 샌프란시스코의 거리 이름)로 내려오는 엷은 안개가 있는 곳에서 즐겁고 재미있는 시간을 보내기도 했다.

그들은 자유 분망한 방랑인들을 잘 피했다. 어윈은 혼신의 힘을 다해 이 도시의 특징을 해설해 줄 만한 내용을 '기사' 속으로 쏟아 부었을까? 샌프란시스코에 가보지 못했던 사람들은 마켓 가(Market Street)의 전등 기둥에 기대서 그랜트 가(Grant Avenue) 주변의 그림 같은 중국인 거리에서 한적하게 노닌다고 느끼고, 보고 들었을 것이다.

사실에 기반을 두고 그 도시의 영혼을 나타냈으며 끊임없이 자신들의 것들을 잃었다고 한탄했는데, 이것이 바로 해설이었다. 지진 파괴에 대한 내용은 아니었다. 타임 지의 옥스 씨가 다른 사람들처럼 이런 어원식의 신문기사를 많이 즐겼다고 생각하지만 그는 그것을 인쇄하지는 않았을 것이라고 생각한다. 옥스는 정보와 해설학은 별개의 것이라고 믿었다. 정보와 해설학은 좀처럼 서로 충족되지 못한다.

해설가가 순수한 정보를 제공해야 한다거나 정말로 대부분의 경우에 그래야만 한다고 말하는 것은 격에 맞지 않는 이야기다. 혹은 반대로 정보를 제공해 준 사람은 실제로 해설적인 말에 몰두할 수도 있다. 정보와 해설의 역할이 정상적으로 인쇄되어 똑같이 도로 표지판이나 그 표지 사인 위에도 있을 수 있다. 그런 것이 이중 역할을 하고 있음을 마음 속에 간직해야 할 필요가 있다. 정보와 해설은 기본적으로는 다르다.

찰스 다윈이 젊었을 때 거의 5년간 영국의 함선으로 대양을 항해한 적이 있다. 배를 타고 지구를 항해하면서 기행문 형식으로 썼던 내용이 「비글의 항해(The Cruise of the Beagle)」라는 제목으로 출판되었다. 그 책은 풋내기 독자들에게 대단한 고전이 되어 모든 사람들의 서재에 보관되었었다. 「종의 기원(The Origin of Species)」이나 「비열한 인간(Earthworm)」을 전혀 읽어보지 못한 많은 사람들도 「비글의 항해」를 읽음으로써 즐거움과 감동을 느꼈다.

이 책에서 다윈은 어느 과학자가 과학적인 연구나 발견한 성과를 평범한 사람들에게 생생하게 전달하는데 필요한 미묘한 감각을 지니고 있다면 그 과학자는 훌륭한 해설가가 될 수 있다는 것을 보여주었다. 이런 면에서 티에라 델 퓨에고(Tierra del Fuego)의 쇠퇴하는 원주민에 대한 그림은 말로 형언할 수 없는 매력을 지녔다.

다윈은 한때 남아메리카 코딜러스의 우스팔라타 산맥에 체류하고 있었다. 다윈은 이 지역의 지형학과 지질학의 정보를, '여러 종류의

해양 용암으로 구성되었으며 용암은 화산
모래와 다른 침전물들이 교체되었고, 이러
한 유사성으로부터 태평양 해안 위의 제3의
층까지 규산화 된 나무를 발견하려 애썼다'라고 정확하게 묘사했다.
다윈이 발견했던 나무들은 남양삼목 과(科)에 속하는 주목과 유사한
전나무이다.

　여기까지는 전문적인 정보였기 때문에 지질과 지형에 대해 전혀 모
르는 문외한이 그 해설에 아주 흥미 있게 되리라고는 기대할 수 없
다. 다윈은 이에 대해 다음과 같이 기술하였다.

　한때 이 부근에 펼쳐졌던 신기한 지질 형태를 해설하기 위해 약간의 지
질학적 연습이 필요했다. 대서양 해안까지 아름다운 나무들이 가지를 늘
어뜨리고 있는 곳을 바라보았는데 그 대양은 안데스 기슭까지 다다랐다.
　나무들이 해수면으로부터 올라온 화산흙에서 싹을 틔웠음을 알 수 있
었다. 결과적으로, 나무가 있는 솟아오른 마른 땅이 바다 깊은 곳으로 침

전되었으며, 깊게 침전된 곳에서 마른 땅이 침전층에 의해 덮여지고 다시금 그 침전층이 해양 용암의 거대한 흐름에 의해 덮여졌다.

다시 지하의 힘은 전력을 다해 분출했고 지금 나는 그 땅의 높이가 표면까지 7천 미터 이상 되는 산을 형성하고 있는 그 대양의 바닥 층을 보고 있다. 상반되는 힘은 언제나 계속 작용한다. 거대한 층의 지층은 여러 넓은 계곡에 의해 교차되었으며 화산재가 지금은 이전의 파랗고 싹이 튼 상태였던 바위로 변했다. 그 바위는 고고하게 높이 치솟아 있었다. 지금은 모든 것이 옛날의 식생상태로 회복될 수 없고 알아보기도 힘들며 황폐하기만 하다. 심지어 이끼도 석질의 내던져진 이전의 화석이 된 나무에 붙어 있지도 않다.

다윈이 많은 독자에게 별로 친숙하지 않은 언어를 사용하여 위와 같이 도식적인 해설을 했던 것은 사실이다. 즉 그 언어는 말로 표현되는 것이 아니라 읽히며, 흥미가 있을 때 책을 읽는다는 것은 사전을 찾을 기회가 있다고 기억해야 될 것이다. 아무튼, 그것이 정보를 제공하는 것과 해설하는 것의 차이를 명백하게 구분하는 중요한 해설의 보기로 느껴진다. 다윈이 '해설 한다'는 단어를 사용했을 때, 결코 그 두 가지를 혼동하지는 않았음을 간단하게 보여주었다.

1915년과 1916년 북미 알래스카(Alaska) 주에 있는 캣마이(Katmai) 산 등반의 책임자이면서 오하이오 주립대학교 교수인 그릭스(Robert F. Griggs)는 국립 지리학 잡지(National Geographic Magazine) 기사에서 독자나 관객의 마음 속에 있는 친밀감을 친숙하지 않은 것과 연결시켜주는 적절한 해설학적 접근의 완벽한 보기를 아래와 같이 보여주었다.

캣마이 산은 1912년 6월 분출했다. 그 분출은 지구 역사상 가장 웅장한 화산 폭발 중의 하나였으며, 8입방 킬로미터의 화산재와 가벼운

돌들이 공기 중으로 날려갔을 것이라고 추정할 수 있다. 그러나 대부분의 미국 사람들에게 캣마이 산은 너무나 먼 거리에 있었으며 친밀하지도 않은 이름이었다. 이러한 분출의 파장에 대한 사실을 말함은 한적한 시골 주변에서 거의 사람이 살지 않은 막연한 영토에 대해 이야기하는 것과 같다. 그러나 그릭스 교수는 그것을 생생하게 해설하는 방법을 알고 있었다.

그릭스 교수는 뉴욕시를 중심으로 '유사한 분출'을 상상해보라고 충고했다. "그러한 엄청난 자연 재해로 뉴욕시에 있는 많은 것들은 4 내지 5미터 되는 잿더미 아래에 덮일 것이고 시민들은 뜨거운 가스 때문에 불안과 공포로 떨게 될 것이다. 알바니(Albany, 뉴욕주의 주도) 밖에서도 쉽게 불기둥을 볼 수 있을 것이다. 필라델피아는 회색 잿더미의 발 아래 덮일 것이며 60시간 동안 철저하게 어둠 속에 파묻힐 것이다.

워싱턴과 볼티모어(메릴랜드 주의 도시)도 1/4정도가 영향을 받아 3 센티미터 두께의 잿더미로 덮힐것이고 화산 폭발의 소리를 애틀랜타(Atlanta, 조지아주의 주도)나 세인트 루이스(St. Louis, 미조리주 동부에 위치한 도시)처럼 멀리서도 들을 것이며, 덴버(Denver, 미 중서부 콜로라도주의 주도)와 샌 안토니오(San Antonio, 미 중남부 텍사스주의 남부 도시)와 자마이카(Jamaica)에서도 분출가스를 볼 수 있을 것이다."

다시 미국으로 돌아와서, 위대한 콜롬비아 분지의 엄청난 용암 흐름에 대해 적절한 개념을 이용하여 해설적으로 설명할 수 있을 것이다. 말하자면 용암을 집어서 미시시피 강의 동쪽에 내려놓는다. 미시시피 강 유역은 인구의 집중이나 발전의 가능성이 매우 높다. '만일 용암이 분출되면 모든 것이 바로 여기에서 묻히거나 부서질 것이다' 라는 것이다.

공원 해설가가 19세기 무역
항로에 대한 이야기를 말하는
사이 방문객은 역사 속의
채서피크와 오하이오 운하
위로 전기기관차가 끄는
유람선을 타고 해설을 듣는다.

　　마크 트웨인(Mark Twain)은 그의 책 『미
시시피의 생활 *Life of Mississippi*』의 첫 장에
서 해설이 무엇인지 알고 있음을 보여준다.
트웨인은 드 소토(De Soto—미시시피 강을 발견한 스페인 탐험가)가
1542년 미시시피 강을 보고 진술한 것에 대해 다음과 같이 기술했다.

　　드 소토가 1542년 미시시피 강을 보았다고 말하는 것은 해설하지 않
고 사실을 진술한 것이다. 천문학적인 측정으로 일몰의 영역을 설명한
것과 그들의 과학적 이름들로 색깔을 분류하는 것과 같다. 그 결과 일몰
의 현저하게 두드러진 사실을 알 수는 있으나 볼 수는 없다.

　　날짜 그 자체는 거의 혹은 아무 의미가 없지만 어떤 사람이 주위 사람
들과 역사적인 연대와 사실을 분류할 때 그 시대의 배경이나 사건을 덧
붙이게 된다. 예컨대 백인이 처음으로 미시시피강을 보았을 때(파비타에
서 프랑시스 1세가 패배한 이래로 4반 세기가 경과되지도 않았을 때) 라파엘

(Raphael)과 베이야드(Bayard)가 죽었으며 메데시 캐서린(Catherine)은 어린 아이였다. 영국의 엘리자베스는 아직 열 살도 채 되지 않았고 셰익스피어는 출생 전이었다.

여기에 전체의 긴 문단을 재구성할 여백이 없다. 여러분이 사건과 관련된 목록을 읽은 후 알았다고 말하면 되는 것으로 1542년은 단순히 달력에 연대를 기입할 필요가 없다.

확실히 해설의 원재료는 정보(Information)이다. 헉슬리나 트웨인 그리고 그릭스 교수의 인용구를 통해 그들 스스로가 훌륭한 해설가였음을 알 수 있다. 이것은 단지 어떤 사람이 두 가지 역할을 훌륭하게 수행할 수 있다는 것이다. 이것은 과학과 예술 두 분야에서 전문가이어야 한다는 즉, 과학적인 일꾼이 되어야 한다고 기대하는 것은 아니다. 해설가는 결정이 내려지는 곳에서 시작한다. 사실이 적절한

자유의 종은 모든 의미를 갖는다. 자유의 종 해설은 몇 가지 감각 즉 시력, 청력을 사용하도록 한다. 국립 독립역사공원

표현이라고 생각한다.

오랜 연구 끝에 전문가는 "사실이 무엇이냐"라는 질문에 동의하지 않을 때도 있었다. 어느 날 슈러더(Schroeder) 박사가 다음과 같이 물었다. "유능한 두 명의 고고학자가 하나의 증거에서 서로 다른 상반된 결론을 끄집어 낼 수 있을까?"라는 공개적인 해설에 대해서 "당신은 무엇을 하겠습니까?"라는 질문에 저자의 대답은, 이 책이 다루고 있는 해설에 종사하는 사람은 몇 가지의 근원에서 신뢰할 만한 결론을 기다려야만 한다는 것이었다.

가끔씩 믿음의 차이가 생김으로써 양측을 잘 해설할 것이다. 사실에 대해 말을 해야만 하는 중요한 때에, 그 문제가 홍적세의 빙하기인 경우에 솔직하게 아무도 그 정확한 대답을 모른다면 모른다고 말해야 할 것이고 그러한 정직한 말은 가끔씩 듣는 사람에게 확신을 준다.

방문객은 메인(Maine, 북동부의 맨 끝 주)주에 있는 아카디아(Acadia) 국립공원에서 구경할 만한 훌륭한 경치의 육지와 바다의 아름다움은 뒤로 하고, 그 지역이 한때 느린 빙하의 이동으로 빙하로 깊게 뒤덮여졌다는 많은 물리적인 증거에 주로 관심이 있다. 북아메리카나 유럽에 이런 빙하기의 원인이 무엇인지에 관한 가설이 많다.

그런 경우 진정한 해설은 효과를 발휘한다. 진실로 방문객은 어느 누구도 궁극적인 원인을 모른다는 사실을 알고 난 후 그것에 대해 스스로가 생각을 하게 한다(우리 모두는 난제(難題)로 도전 받고 있다). 비록 방문객의 생각이 비과학적이라 할지라도 방문객은 그들의 경험을 넓힐 수 있다. 장님이 사는 곳에서는 애꾸눈이 왕이 될 수가 있다.

그때 전문가, 역사가, 자연주의자, 고고학자들은 기본적인 일들을 하는 것이다. 그들의 연구가 없었다면 해설가는 해설을 할 수가 없다. 여러분은 가끔씩 일반 국민이 전문가가 수집한 정보에 그다지 많은 관심을 보이지 않는다는 전문가의 참을성 없는 부분적인 불평에 주목해야 한다.

전문가는 보통 사람들을 다소 둔하다고 결론내리기 쉽지만 사실은 정반대이다. 그것은 어떤 사람이 이해할 수 없는 것으로 부터 혼란에 빠지지 않기 위한 타고난 지력의 표시이다.

"지식의 한 분야가 오랫동안 발전되어 왔지만 지식의 원칙은 그 깊이가 충분히 깊다거나 광범위 하지 않고 기본적으로 더 깊은 원리를 필요로 할 때, 그것이 법이 된다고 생각한다"라고 제임스 윌킨슨(J. Wilkinson)이 말했다. 만일 지식의 원천이 더 깊은 원리를 필요로 하는 것이 일반적인 사람들에게 관심을 끌지 못한다면 그것이 그 문제의 핵심을 입증하는데 충분하다.

'기본적으로 더 깊이 있는 것'은 예술의 형태 즉, 유추나 우화나 그림 그리고 은유 등이다. 윌킨슨이 말했듯이 은유란 '어떤 것을 가져와서 그것들을 실현시키려는 것'이다. 우리의 목적에서 예술의 형태란 해설의 형태를 취한다.

방문객에게 몇 가지 다양한 정보 즉, 역사의 한 부분인 고난과 희생 그리고 투쟁의 단면을 보여주는 많은 장소들이 미국 국립공원 체계나 주(州) 그리고 다른 보존 구역 안에 많이 있다. 남북전쟁 격전지와 관련된 지역을 예로 들어 보자. 동족상잔의 전투가 끝난 지 수십 년 후, 참전 용사들과 그들의 자손들이 각각의 피비린내 나는 격전지를 방문할 때 많은 정보를 강조했다. 아버지의 부대가 어디에 주둔했으며 어떤 길로 진격하고 후퇴했는지를 알고 회상하는 것은 상당히 전율적이다. 물론 그 당시의 상황에서 단순한 정보를 말하는 것이 어느 정도는 해설의 일부분이다.

전쟁 발발 100주년에 가까운 지금, 방문객의 관심은 군인에 대한

자세한 내용들이 아니라 위대한 인간의 역사 즉, '왜 군인은 그렇게 밖에 행동하지 못했을까? 내가 그런 상황이었다면 나는 어떻게 행동할까? 그 모든 것이 나에게는 무슨 의미가 있는가?' 에 있다.

이런 일반적인 진술에 몇 가지 예외가 있다. 이 분야의 역사가는 해설적인 것 뿐 아니라 정보적인 것도 다룰 준비를 해야만 했다. 일단의 남북전쟁 원탁회의에 참석한 열광자들은 그 전투의 상세한 것에 관심이 있다. 숙제를 준비하는 학생도 그렇고, 방문 목적이 주(州) 그리고 지방의 방위군의 역할에 대해 알아보려는 어린 학생에게도 관심이 있을 것이다. 그러나 이것은 예외이고 이 경우에 있어서 이것들은 해설이 아니다. 역사연구가 바준(Barzun)은 그 경우를 다음과 같이 훌륭하게 진술했다.

가장 무관심한 시민이 아무리 어리석고 교육을 받지 못했어도 자기 나

노스타코다 주 테오도
루즈벨트 국립 유적공원에
완성된 실경으로 큰 사슴뿔
목장을 묘사하고 있다.

라의 과거와 관련된 어떤 사실을 조금은 기
억하고 질문에 응답할 수 있다. 링컨의 통나
무집은 서부 개척자들의 영웅심을 보여주었
거나 혹은 그가 미천한 태생이었지만 출세하는데 전혀 지장받지 않았음
을 의미할 수도 있다… 프랑스인에게 잔다르크를 설명할 필요가 없다.
그녀의 생애 즉 시련과 죽음에 대한 복잡한 세부 사항들은 애국심, 왕권,
성도를 나타내 주는 것과는 아무 관련이 없다.

　역사연구가 바준은 계속해서 "자신의 의무를 망각한 역사가는 실
제적이며 역사적인 질문을 다루려고 노력하고 그는 오직 과거에서만
역사를 발견하고 그가 발견했던 것을 보여줄 때만 의무를 성취했다
고 생각한다. 역사의 유용함은 외적인 것이 아니라 내적인 것이다.
역사를 이용하여 당신이 할 수 있는 것이 아니라 역사가 당신에게 할
수 있는 것이 역사의 유용성이다"라고 했다.
　마지막으로 리델하트(Liddell Hart)의 책 「셔먼장군(W.T.Sherman)」

의 서문에서 다음과 같은 내용을 인용하고 싶다.

> 관습적인 역사나 생애에 익숙한 사람은 전투자의 설명이 지나치게 표현 중심적이고 불필요할 만큼 자세한 사항이라고 불평한다.
>
> 포병이나 보병의 활동을 추적하고 위치를 정하는 것은 골동품 수집가들과 아직도 가짜 골동품을 취급하는 사람들에게만 가치가 있다… 이 책은 정지한 삶에 대한 것이 아니라 정지하지 않은 삶에 대한 연구이다. 실내 장식에서가 아니라 인간의 심리 안에서의 활동이다.

저자가 신랄한 어조로 말하지는 않지만 논평이 장점이 있으며 진실한 해설은 부분이 아니라 역사적인 전체를 다룬다는 것을 통렬하게 지적했다고 생각한다. 그리고 정신적인 즉, 전체적인 것을 말하고 싶다.

4장
이야기는 사물이다

해설은 전시된 자료들이 과학적이건 역사적이건 혹은 건축적이건 간에,
여러 예술들을 한 데 묶는다. 예술도 어느 정도는 가르칠 수 있다.

교수는 소파에 앉아 신음 소리를 냈다. "나는 교수로서 희망 없는 실패자다" 부인이 부
드럽게 말하기를 "실패는 한 순간의 낙담입니다" "왜 당신을 실패자라 생각해요?" "순간
적인 것이 아니라 나는 실패를 얼마 동안 보아 왔어요. 여러 달 동안 학생들은 모든 것
에 관심을 보여 주었어요". 부인의 눈은 굉장한 즐거움의 빛이 났다. "나는 실패를 항상
알고 있었어요" 부인이 울부짖었다. "당신은 시인이예요!" "당신이 마침내 그것을 발견하
니 기쁘네요. 지금 즐겁게 함께 갈망할 것이에요."

— 페드로 사라차카, 엘 페다고고 바스콩가도

    해설가는 머지않아 그가 다룰 내용이 예술이든지 혹은 과학이든지
에 대한 문제에 반드시 직면한다. 해설을 이 것 아니면 저 것이라는
흑백논리로 따질 수 없다. 만일 해설이 예술이라면 모든 과학을 이용
할 수 있지만 해설이 과학이라면 과학적인 정보에 그렇게 관심이 많
지 않다. 메리암(Merriam) 박사는 물리학자 미켈슨(Michelson)에 대해
서 미켈슨의 운명은 과학자가 되는 것이었고 만약 그렇지 않았다면
미켈슨은 위대한 예술가가 되었을 것이라고 말했다. 미켈슨이 예술
가보다 과학자를 선택했던 것은 실제로 둘은 양립할 수 없다는 것을
충분하게 보여준다.
    화이트헤드(Whitehead)는 교육을 '상상력으로 나타낼 수 있는 지
식'으로 생각했다. 과학은 과학자가 아무리 상상력이 높다고 해도

예술가가 가질 수 있는 감각적인 지식을 풍부한 상상력으로 표현 할 수 없다. 그래서 만약 여러분이 교육을 과학이라고 생각한다면, 교육자가 그런 목표에 도달할 수 있는 유일한 방법은 예술로 바꾸는 것이다.

대수학 교사는 2 더하기 2가 4라고 주장해야만 한다. 웰스(H. G. Wells)는 실제로 세상에는 "숫자 2"는 없다고 주장했다. 사실은 2가 약간 넘은 수와 2를 약간 넘은 수를 합치면 4 이상이 된다고 말했다. 웰스는 예술가적 입장으로 말했으며 지식을 상상력으로 생각했다. 공인 회계사는 장부 계원이 부업을 제외하고 예술을 피하는 것이 나을 거라고 계속 주장할 것이다.

메리암은 "교육의 기본으로 자료를 사용해라. 그러나 자료를 상상력이 풍부하게 표현해라"고 말했다. 형태를 부여할 수 없는 자료들을 상상력으로만 표현할 수 없다. 이것은 하인리히 하인(Heinrich Heine)이 독일인 동료에 관해서 메리암이 비탄에 빠져있을 때 생각한 내용으로 "우리가 정확성에 의식적으로 열중하기 때문에, 편집자들은 어떤 특별한 사실을 가장 잘 나타내주는 형태를 전혀 생각하지 못한다"는 것이었다.

메리암 박사는 '교육'이라는 단어의 의미를 사실 만을 가르치기 보다는 훨씬 더 많은 봉사임을 암시했다. 국립공원에 있는 아름답고 훌륭한 것들을 사랑하거나 혹은 공원의 외형을 복구하는 것과 마찬가지로 공원에 대해 개인의 종교적인 정열이나 더 깊은 이해를 위한 갈망과 감정에 호소하고 싶어 했다.

자연에 대한 저자의 생각을 여러분에게 말하려고 시도할 수 없다. 아마도 여러분의 반응도 저자와 같을 것이고 그 요점은 다음과 같다. 과학으로 인해서 자연의 목적처럼 보이는 법의 연속성을 볼 수 있었으며, 그 연속성은 우리를 자연—모든 방법으로 산이나 나무를 흙덩어리와 접촉—과 연관시켰으며 어떤 의미에서는 자연과 우리를 같은 동료로 생각하도록 하였다. 시인이라면 다른 어떤 사람보다 이 의미가 무엇을 뜻하는지를 이해할 것이라고 생각한다.

이점이 우리가 나아가야 할 분명한 방향일 것이다. 우리가 교육이라는 단어를 사용하고 있다는 관점에서, 해설이 직접적인 교육이라고는 생각하지 않는다. 그러면 이제 우리는 말할 수 있다. 놀랍게 들리겠지만 해설가는 예술을 사용해야 하며 시인의 기질을 어느 정도 가져야 할 것이라 생각한다.

독자들이 해설가는 예술을 사용해야 되며 약간은 시인의 기질이 있어야 된다는 저자의 생각에 놀라움으로 전율을 느끼는 것을 볼 수 있다. "내 인생을 통해 한 줄의 시도 써 본 적이 없기 때문에 나를 예술가로 기대해서는 안 됩니다"라는 것이 해설가의 변명이다.

여러분은 여러분 자신을 잘 모른다는 것이 저자의 답변이다. 여러분은 중요하지 않은 세부 사항에 너무 매달려 지쳐서 자신의 타고난 재능을 잊어버렸다. 우리 모두는 어느 정도 시인이며 예술가이다.

만일 여러분이 존 키이츠(Keats)의 세련되고 넘치는 재치나, 혹은 토마스 하디(Hardy)의 우렁우렁 울리는 목소리를 낼 수 없다고 하더라도 그 상태로 좋다. 우리 중 어느 누구도 그들과 똑같이 할 수 없다.

실제로 우리에게 그런 것을 묘사하는 소질이 없다 하더라도 시성(詩性)을 인식할 수 있는 어떤 것을 가질 수 있고 예술에 정통한 사람이 아니더라도 아름다운 소리를 내면서 기뻐할 수 있다.

한 때, 사업을 하는 친구와 긴 자동차 여행을 했다. 몇 시간 후에 도

로 위에서 그 여행이 우리 둘에게 실수였다는 유쾌하지 않는 결론을
내렸다. 사업하는 그 친구가 단조로울 정도로 무디었든지 아니면 내
가 지적으로 지루했든지 아니면 둘 다 그랬었다. 친구에게서 흐물거
리는 평범한 것 만을 발견했고 계속해서 자동차에 시달리는 악몽으
로 이어졌다.

그러나 마침내 뉴 잉글랜드의 서쪽 벅셔 언덕(Berkshire Hill)에 도
착했다. 계절은 봄이었는데 동료인 친구는 전에 이렇게 먼 동부까지
는 전혀 와 본 적이 없다고 했다. 그는 갑자기 언덕 위에서 차를 멈추
고 수피가 하얀 녹색 잎의 자작나무를 보기 위해 잠시 앉아서 말하기
를 "봐! 저 나무들은 강에서 발을 씻으려고 언덕 아래로 달리고 있는
것 같지"라고 말했다. 나는 친구의 시적 표현에 반응을 보이면서 그
가 보았던 경관을 정확히 다시 보기 시작했다. 이런 무의미하고 단조
로움 속에서 친구는 고대 그리스의 신화처럼 사랑스러운 어떤 것을
제안했다.

만일 요정이 나타났다고 해도 저자는 놀라지 않았을 것이다. 여러분
은 많은 사람들이 그들의 심연에 얼마나 많이 예술적 인식능력을 소유
하고 있는지에 대해 결코 말할 수 없을 것이다. 예술을 사용하는 해설
가는 자신의 자료를 이용해서 '이야기'를 엮어나가고 해설가인 자신
을 이해하는 예술적 인식 능력을 가진 사람들 앞에 서 있을 것이다.

저자가 말하는 해설가는 일종의 숙련된 예술가, 다시 말하면 시를
읽어야 되고 극적인 연기를 해야 되고 연설을 해야 함은 물론 희극이
나 비극 배우가 되거나 아니면 이 것도 저 것도 아닌 끔찍하게 다른
어떤 것이 되어야만 한다고 오해하지 않을 것이라고 확신한다. 신교
의 설교에 몰두한 것 이외의 어떤 것도 더 나쁠 수가 없다. 단지 해설
가는 자신의 예술적인 감상 속으로 빠져들고, 자신의 해설 자료에 형

태와 생동감을 주고, 목록을 암기하기보다는 이야기 형식으로 해설할 것을 제안한다.

오락에 대한 전체 역사를 통해서 재미없는 연기에는 재미없는 관객이 있음을 상기시켜야 하는 반면 '오락'이라는 단어에 대해 신중해야 한다. 명심해야할 것은 우리는 우리 자신을 가장 높은 부류로 제한하고 우리와 공원에서 함께 있는 사람들은 해설가에 의한 교육이 아니라 방문하는 즐거움을 찾고 있음을 명심해야 된다.

체스터톤(G. K. Chesterton)이 우리에게 상기시켜 주었듯이, 고대의 신화 창작자들은 '상상하는 모험을 표현하는 힘'을 배양하였다. 그들은 한 눈에 바라보이는 경치의 핵심은 이야기이며, 이야기의 핵심은 개성임을 잘 이해했다. 이것이 옳다고 확신하는 이유는 저자가 잘 알며 보다 먼저 결론 내렸던 많은 해설가들이 사실은 국립공원 관리청에 있기 때문이다.

파커(H. C. Parker)는 몇 년 전에 저자에게 신중한 말로 자신이 오해받을까 걱정하면서, "해설은 과학이라기보다는 예술적이다"라고 믿는다 했다. 메트(Mattes)는 실제로 작가가 글을 잘 쓰려면 주로 시인이나 출판업자가 즐겨 사용하는 말의 요약에 대한 직감을 가져야 된다고 신중하게 믿음을 과감하게 이야기했다. '요약에 대한 본능'은 결국 형태를 설명하는 또 다른 방식이다. 예술가는 자신에게 중요하지 않은 모든 자료를 냉정하게 삭제한다.

저자는 현재 국립공원 관리청에서 근무하는 해설가로부터 해설가가 "동화나 설화에 대한 이야기"의 필요성에 대해 많은 이야기를 한다는 사실을 들었는데 그들 자신의 신념을 왜 오랫동안 실행하지 않았나에 대해 궁금했었다. 해설가는 자신들을 혁신가로 인식되어지는 것을 꺼려하고 추측만 할 뿐이다. 해설가 자신이 전적으로 옳았음을 확신할 수 없다하더라도, 저자는 해설가의 확신이 저자에게 주었던 용기만큼이나 많은 해설가에게 확신을 주기를 희망한다.

전문적인 작가는 검사표, 분류표 그리고 해설적인 문헌 등을 만들 때 비전문적인 작가보다 더 잘 만들 수 있을 것이다. 또한 전문적인 작가는 자신의 기술이나 말에 지나치게 몰두하여 지식적인 부분 만을 표현하고 감정적인 표현을 못할 수가 있다. 그런 이유로, 훌륭한 해설 교과서를 가끔씩 '공원관리 소장 또는 사무원, 기술자, 혹은 공원 경찰 심지어 공원 유지 보수 부서에 근무하는 사람' 모두가 저술할 수 있다고 말한 홀랜드(Holland)의 의견에 전적으로 동의한다. 그러므로 "지금 공원 관리청에 근무하는 많은 직원들이 만약 시간이 있거나 시간을 낸다면, 그 일을 하는데 적절할 것이다"라고 말한 해링톤(J. C. Harrington)의 의견에 부분적으로 동의한다.

저자는 해설이 가르칠 수 있는 예술이라 생각한다. 해설은 '시간을 할애하는 문제'가 아니라고 생각한다. 만일 여러분이 원칙을 이해하지 못한다면 세상의 시간은 언제나 부족하기만 하다. 만일 해설가가 형식이 중요하며, 특히 공휴일에는 교육적인 서적이 방문객을 지루하게 한다는 것을 이해하지 못한다면, 훌륭한 해설의 목적은 가치를 잃게 된다.

전문가에게 은유법 사용은 그다지 필요하지 않으며 직유법은 거의 외설적 현상일 뿐이다. 유추의 사용은 학생을 당황하게 할 목적으로만 사용될 수 있다. 전문가가 제한된 교육적 범위 내에서, 유추의 사용이 옳지 않다고 말하려는 것은 아니다. 오히려 그가 옳다고 생각한다. 그러나 전문가는 이런 예술적 형태의 유추를 사용하지 않고서도 일반 관객에게 "불이야"라고 외칠 때 보다 관객은 더 재빠르게 분명히 방에서 빠져나갈 수 있음을 알아야 한다.

해설은 듣는 사람이나 읽는 사람이 관찰된 사실로써 영혼을 증명할 수 있도록 언어를 적절하고 재치있게 사용하면 만족스러운 것이다. 윌킨슨(G. Wilkinson)은 모든 해설가의 기억 속에 새겨질 만하게 적당하게 울리는 어조로, "나는 이른바 엄숙함, 엄격함 그리고 과학의 단조로움을 믿지 않는다. 실제로 은유는 정신의 칼임을 발견했다. 위대한 사실이 확립될 때 그 사실은 즐거운 은유로 인해서 얼마동안 존재하게 되며 다시 오랜 논쟁이 끝나면, 진실이라는 신비한 문자로 불타는 은유의 칼을 쥐는 한 무리에 의해서 존재한다"라고 말했다.

여러 거장들의 간단하고도 효과적인 작문의 모델이 되어왔던 제임스(James)판 성경에는 이런 '불타는 칼들'이 많다. 링컨의 게티스버그 연설문에서 젊은 시절 이런 훌륭한 영국식 스타일의 몰두에 충만했음을 알 수 있다. 링컨이 게티스버그에서 한 시간 동안 미드(Meade)나 리(Lee)의 전략을 사리에 맞고 훌륭하게 비교 분석했음을 상상해 보라. 여러분은 링컨의 말을 지금 청동에 새길 수 있을 것이라고 생각하는가?

여러분이 저녁식사 초대를 받았을 때, 초대한 주인이나 그 안주인이 흥미 있는 이야기로 파티를 즐겁게 만든 경험을 할 수 있을 것이다. 진실로 그 일이 우리에게 지난 8월 아니면 9월에 생겼을까? 우리는 우리의 길을 가고 있는 것일까? 그곳이 어디쯤일까? 에밀리(Emily)? 아니, 그 장소가 아니었을 수 있다. 그때가 아니었다. 헨리 아저씨에 관한 언짢은 일을 회상함으로써 방해를 받았고, 그 이야기는 어느 산 정상에서 바라보는 것처럼 더할 나위 없이 훌륭한 경치였다. 아니 일 년 전이었다는 이야기로 질질 끌고 간다.

이야기가 어떤 요점이나 결말이 해설과 관련이 없는 사소한 것들로 혼란스러워지고 막다른 길에 다다르기 시작한다. 마침내 이야기하는 사람은 자신을 막다른길에 다다르게 하고 희망 없이 몸부림칠 뿐이다. '지금 내가 어디 있는가?' 여러분은 더 이상 그가 어디에 있었는지 관심이 없다. 오직 여러분이 어디에 있고 싶어 하는지 즉, 지금 있는 집에 대해서만 신경을 쓴다. 해설가는 진정한 해설이라는 한 마리의 쥐를 잡으려고 산더미 같이 많은 자료를 사용해 왔다.

숙련된 이야기꾼의 얘기를 들어보라. 그는 출발할 때 정확히 가야 할 곳을 안다. 만일 그가 어떤 차이점을 이야기하면, 여러분은 그 문제의 중요함을 재빨리 발견한다. 결말과 직접적으로 관련이 없는 어구와 단어를 모두 배제하는데 주의해야 할 것이다. 만일 여러분이 불가피한 결론을 인식할 수 있을 것인가에 대해서 그 사람이 그 결말에 도달하기 전에는 전혀 관심 없다.

가장 성공적인 무대 연기는 커튼이 쳐질 때까지 어둠 속에다 관객을 놔두는 것이 아닐 수도 있다. 반면에, 만일 관객이 정확하게 결과를 추측하기 시작한다면, 그때부터 관객들의 기쁨은 배가 될 수 있다. 관객은 현명해서 성공적으로 수행된 예술을 함께 나눌 정도로 기뻐한다.

해설가는 전체를 만들며 혼란스럽게 하는 모든 사소한 요소들을 잘라 내고 해설을 완벽하게 진행하며 그의 관객과 함께 걷고 그 행렬에서 동료가 되어야 한다. 어떤 일정한 지점에 이르면 해설가의 해설은 관객과 함께 한다.

앞에서 언급했듯이, 해설가는 예술을 결합해야 되며 주된 의무는 소위 수사학—쓰기와 말하기—에서 숙련되어야 한다. 특히, 수사학은 가까운 미래의 어떤 상황에서도 적응할 수 있는 생각을 표현하는 기술을 의미한다.

5장
'가르침' 보다는 '자극'

해설의 주목표는 가르치는 것이 아니라 자극 시키는 것이다.

공원 탐방객을 모아 야외에서 가르치는 '교육'이라는 예술은 지금까지 만족하며 해왔던
학교 교육과는 다를 뿐만 아니라 오히려 학교 교육보다 더 훌륭하다. 즉 실제로 새로운
교육에 필요한 것은 지식에 대한 관심의 힘이다. '흥미유발'에 대한 지식은 학습자를 불
러 모아 천재성과 기억력을 넓혀주었으며 '심오하게 높은 수준'의 지식은 고통스런 학습
을 요구하고 기억력을 신장시켜준다. 이러한 두 가지 지식은 그 자체가 서로 연관성이
있으며 학습자에게는 학습자 자신이 지식을 스스로 개발하고 있다는 지속적인 느낌을
준다. 그 지식은 학습자에게 적합한 정신력의 기쁨으로 빠져들게 한다.

—윌킨슨(Wilkinson)

가르침의 목표는 교사와 학생이 함께 하면서 생겨난다. 이에 대한
좋은 보기가 교실이며 현장이나 공장도 해당된다. 1899년 초 미국의
대학교수들이 야외학습을 위해 학생들을 훗날 국립공원으로 지정된
장소로 현장교육을 위해 데려가기 시작했을 때 교수들의 의도는 교
육적인 행동의 일환이었다. 학생을 단지 휴식과 명상 또는 경치를 감
상하기 위해 공원행을 택한 것은 아니었다.

해설의 분야가 국립공원청 조직에서, 또는 다른 기관에서건 간에
수행되어지는 내용은 가르침보다는 소위 자극을 주는 것이다. 보호
구역을 자주 찾는 탐방객은 가르침이라는 직접적인 정보를 해설가로
부터 원하고, 훌륭한 해설가는 찾아오는 탐방객을 언제나 가르칠 수
있어야 한다. 해설의 목표는 독자나 청중, 즉 탐방객의 관심사와 지

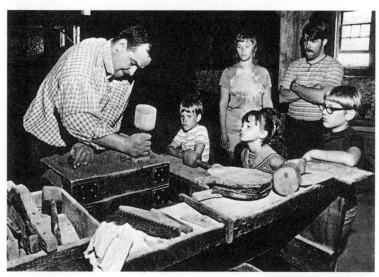

식의 수평선을 넓혀 주는 방향으로 자극하는 것이며, 어떤 사실에 대한 진술 이외의 그 밖에 존재하는 더 광대한 진실을 이해하도록 도와주는 것이다.

　국립공원이나 기념관, 보존된 격전지, 역사적 유물관, 공공 레크리에이션 지역에 있는 자연 학습관은 자연과 인간이 만든 작품을 경험할 수 있는 장소이기 때문에 해설을 행하는 이상적인 장소이다.

　자연주의자였던 홀(Hall)은 1928년 '모든 공원 교육 관리들에게' 라는 연설을 했다. 일찌기 많은 해설가들이 나중에 잘못 이해했던 것—해설학의 목표나 기능은 단순한 가르침이 아니다—을 바로 잡았기 때문에 여기에 인용한다.

　대부분 공원에서 교육적 활동을 함으로써 탐방객들에게 해설가 스스로가 발견하는 광범위하고도 일반적인 공원에 대한 생각을 제공하며, 외부로부터 얻은 사실을 개인적인 성향에 따라서 총괄적인 이야기를 일반적으로 자세하게 보충할 수 있도록 해준다. 탐방객은 해설가의 도움으로 공원에서 이런 내용을 파악할 수도 있지만, 무엇보다도 탐방객 스스로 발견하도록 자극 받을 것임에 틀림없으며, 그 다음에 탐방객이 자기가 본 것을 이해하고 바라 볼 수 있을 것이다.

탐방객은 집을 떠나 공원 그 자체와 최고의 자연 현상을 보려고 왔으며, 박물관, 해설, 안내자 동반 여행 등은 탐방객에게 이런 현상을 더욱 철두철미하게 이해하도록 돕는 수단이라는 것을 언제나 기억해야만 된다. 어떤 해설가는 가능한 한 많은 사실을 탐방객에게 알려 주려고 마주치는 거의 모든 나무와 꽃 그리고 새들을 확인하려고 애쓰는 것이 그들의 의무라고 믿는다.

반면, 또 다른 해설가는 '자연과 동화되는 마음을 갖도록 노력하는 것이 자연을 잘 아는 것보다 더 중요하다'는 것을 좌우명으로 삼고 있다. 그리고 그들은 방문객이 비록 여러 가지 사실을 파악하지 못했다 하더라도 탐방객이 보

역사적인 해설 프로그램은 가끔 적절한 총기의 발사 시범을 보여준다. 뉴저지 주 국립 모리스타운 역사공원

았던 것을 잘 음미하고 이해하는 것이 더 중요하다고 느낀다.

에머슨은 여러해 전에 "사실대로 말하자면 내가 다른 사람에게서 얻은 것은 교육이 아니라 자극이었다"라고 썼다.

해설의 원칙에 대한 교과서에서 국립공원관리청 해설의 중요한 특징인 교육적인 프로그램을 시작했던 희생적인 노력을 기울인 영리한 학자들을 생각해야 될 것이다. 국립공원관리청은 방문객들이 공원의 아름다움과 경이로움과 존경하는 마음과 이를 감상하려고 숲길을 걷고 방문이 허용되는 범위에서 여가 선용이라는 이상(理想)으로 이용함을 토대로 설립되었다.

스태판 매더[15] 씨의 마음 속에는 뚜렷한 정책이 있었던 것 같다. 이 정책을 보충하려고 그가 취한 처음 몇 가지 조치들 중의 하나로써, 캘리포니아주 세크라맨토의 고쓰(Goethe) 씨 부부에게 요세미티 공원으로 자리를 이동해 줄 것을 설득했다. 왜냐하면 그 부부는 타호 호수[16]에서 더 일찍이 자연 안내를 하며 모험을 시작하는 방문객을 도와주고 있었기 때문이다.

자연 안내에 대한 고쓰 씨 부부의 관심은 그들이 외국 여행을 하면서 유사한 활동을 지켜 본 다음에 생겨났다. 매더 씨는 또한 콜로라도 주의 메사버드 국립공원에서 초기에 해설적인 활동을 했던 제시 누스바움(Nusbaum)을 따뜻하게 격려하기도 했다.

1916년에서 1928년까지 해설 분야에서 행해졌던 훌륭한 모든 기초 작업을 불행히도 여기에서 자세히 이야기 할 만 한 여유가 없다. 아

---

15 스태판 매더(Mather); 초대 미국 국립공원청 청장. 1917~1929 미국 국립공원보호 협회 창설
16 타호 호수(Lake Tahoe); 캘리포니아 주와 네바다 주 경계에 있는 호수

탐방객에게 19세기 초
국경지방의 삶을 잘 이해할 수
있도록, 인디애나 주의 국립
링컨대통령 유년시절
유적지에서는 실제로
역사적인 농장을 이용하고
있다.

무튼 이런 초창기의 활동에 따라 내무부 장
관은 위원을 지정하여 국립공원에 관한 교
육의 가능성에 대해 락펠러 추모 기금에서
나온 예산으로 철저한 연구를 하도록 했다.

존 메리암(J. C. Merriam), 허먼 범퍼스(H. C. Bumpus), 헤롤드 브라이
언(H. C. Bryant), 버넌 켈로그(V. Kellogg) 그리고 프랭크 오스터(F. R.
Oastler)로 구성된 이 위원회는 현장에 뛰어들어 '공원에 대한 교육적
이고도 영감적인 측면을 촉진' 시키려는 실제적인 제안의 기본 보고

서를 작성했었다.

얼마 후 다른 세 명의 연구원인 위슬러(C. Wissler), 애트우드(W. W. Atwood)와 보우먼(I. Bowman)도 앞선 전(前) 그룹에 합세했고 국립공원청에 교육 자문위원회를 설치했으며, 계속적으로 더 많은 분야의 연구가 기념관이나 공원들에서 행해졌다. 최종 보고서는 '역사와 지구과학 그리고 생명과학 분야의 교육과 연구에 대한 책임감과 기회'를 지적했으며 그에 따른 프로그램을 만들었다.

국립공원 체계에서의 초기 해설의 배경 부분은 브라이언트 박사(H. C. Bryant)와 에트우드 주니어(W. Atwood, Jr. 1932)박사가 쓴 「국립공원에서 연구와 교육」이라는 책자와 러셀(P. Russell, 1939) 박사의 「국립공원에서의 해설 역사와 상태」라는 책자에서 요약된다. 이런 보고서들이 대체로 해설가에게 도움이 되길 바란다. 왜냐하면 이런 보고서는 해설 분야의 단순한 초창기 업무의 서술 이상의 역할을 하기 때문이며, 개인적으로 '연구와 해설'이 해설의 목표를 가장 잘 나타낼 것이라는 공원관리청 행정 책자에서 제안에 동의하기 때문이다.

마지막으로, 1953년 국립공원 관리청의 재편성 계획 안(案)으로써 해설의 활동을 강화할 목적으로 새로운 부서 즉, 역사 분야와 자연사 그리고 정보와 박물관의 일을 감독하며 협력하도록 하는 관리자를 갖춘 해설의 부서가 워싱턴 사무소에서 신설되었으며, 또한 5개의 지방 사무소에는 각 사무소별로 자연주의자 역사가 생물학자 그리고 고고학자를 포함하는 해설팀과 관리담당자가 신설되었다.

국립공원 체계의 해설 프로그램을 논리적으로 더 잘 이해할 수 있도록 지속적인 활동에 대한 간단한 배경을 토대로, 그 분야에서 일했던 초창기 해설가의 생각이나 감정들에 대해 잠시 되돌아보자. 자연적으로 이러한 교육자들은 경치 좋은 자연공원과 과학 기념관에서 행해지는 교육적인 기회에 주로 관심을 가졌다.

　몇 년 후 많은 특징을 가진 역사적이며 선사적인 기념관들이 해설 프로그램에 다양하게 가미되어 증설되었다. 기념관은 미국 역사의 일부분을 나타낸다. 만일 해설에도 철학이 있고 기본적 원칙의 바탕 위에서 적절한 해설을 세울 수 있다는 가정이 옳다면, 전시되어 있거나 설명된 예시의 차이가 없을 것이다. 해설은 언제 어디서나 해설이다.

　초기 교육자들의 노력으로 편집 발간된 「연구와 교육」이라는 책자는 이상하게도 잘못 알려졌다. 해설 자체는 연구도 가르침도 아니다. 그럼에도 그 조사에 참여했던 사람들은 지금 우리가 말하는 해설을 잘 이해하고 있었다. 그들은 근원적인 철학에 강한 관심을 가지고 있다는 것을 자신의 개인 보고서에서 명확하게 되풀이하여 표현했다. 예를 들면, 메리암(Merriam)과 범퍼스(Bumpus)가 지금 우리가 말하는 해설이라는 용어를 선택했었더라면, 해설의 원칙을 명백하게 진술할 수 있었다고 믿는다.

　다음과 같이 설명할 수 있다. 내무부 장관이 지정한 위원회의 위원들은 초창기의 공원에서 교육적 노력을 위한 계획안 제작에 심혈을 기울였고 몇 가지 실현 가능한 것들을 완성시키려고 노력했다. 매터 씨는 그것을 유감스럽게도 부족한 것으로 간주했다. 그들은 '현장에서 일하는 사람들이 쉽게 이해할 수 있다'라는 것을 지적했다. 기본 원칙의 주요 부분을 발표하는 것은 당장 급한 일이 아니었다.

　그 계획은 건전했으며 칭찬받을 만했고 취지에 있어서도 그 분야의 많은 사람이 쉽게 이해할 수 있었다. 한편, 다른 사람들은 '교육'이라는 말에 의해 많은 영향을 받았다. 유명한 교육자가 쓴 말은 직접적이었으며 자세한 가르침을 나타냈다. 지금까지 보아왔던 많은 경우

남북전쟁의 주요 격전지인 버지니아 주 국립 피터스버그 전투지에서 방문객은 당시의 군복을 입은 해설가와 남북전쟁 당시 군인들의 삶을 토론하고 있다.

에서, 방문객 스스로가 의미를 찾거나 동료 탐색자처럼 탐험에 참가하도록 스스로를 자극함으로써 때때로 완벽할 정도로 정확하거나 아니면 그 반대로 전혀 효과 없는 사실의 조수 속으로 빠져들었다.

저자의 경험은 다음과 같다. 국립공원 체계에서 해설을 필요로 하는 많은 단체의 사람들은 자연에서 삶에 대한 감각과 '이해할 수 있는' 역사의 계속성과 지혜로움을 유도하는 어떤 위대한 목적물에서 위안 받기를 간절히 갈망한다. 나는 그런 단체의 참가자의 일원으로서 해설을 정보로 잘못알고 있는 해설가에 의해 열정이 식은 적도 여러 번 있었다. 그런 해설가는 자신이 열심히 분발하려 할 때 더욱 형편없는 교육자가 된다는 것을 몰랐다.

메리암(Merriam)박사가 말한 구절을 주의해 보면서 그 해설가가 어떻게 이해했는지 살펴보자.

방문객의 생각과 관찰의 범위가 넓어질수록 반 다이크(Van Dyke)가 묘사했듯이 '경이로움을 통해서 기쁨에 이르는' 기회는 더욱 많아진다.

성인의 마음은 실제적으로 확실한 토대를 더 많이 요구한다. 명백한 제안의 개념과 관계의 설명을 요구한다.

우리는 마야(Maya)의 건물에서 여전히 남아있는 커다란 돌에만 관심이 있으며 지금도 그 지역에 살고 있는 원주민에 대해 묘사하는 것을 잊어버리는 위험을 저지른다.

아리조나 주의 백악관이라 일컫는 첼리의 협곡(Canyon de Chelly) 즉, 나바호(Navajo)족 인디언 보호구역의 아주 외딴 구석으로 여행을 갔던 친구가 들려주었던 이야기가 갑자기 생각난다. 여러분들 중 몇 명은 그곳에 가 보았을 것이다. 친구는 모래가 너무 깊었기에 웅장한 협곡을 오를 수가 없었다고 한다. 그래서 그들은 기상천외하게 태양의 빛을 반사하는 장미 빛 바위의 거대한 절벽의 가장 자리를 따라 말을 타고 정상에 올랐다.

정상에서 모래가 침식된 저 반대편의 약 260미터 깊이의 낭떠러지를 내려다보았다. 그 절벽의 구석진 밑바닥에는 백악관만큼 유명했던 고대의 거대한 건물들이 있었다. 그들은 이 완벽하고 거대한 작품 뒤에 있는 자연을 배경삼아 그 고대의 거대한 건물을 오랫동안 바라보며 거기에 서 있었다. 나바호족 중의 한 명이 조그마한 협곡 쪽에서 나와서 백악관 앞의 바위에 서서 노래를 불렀다.

친구의 친구 한 명이 "내 모든 여행 경험 중에서 이 여행이 가장 장엄한 즉, 그 친구에 따르면, 장엄함 뒤로 훌륭한 지리를 배경으로 삼고 있는 사람의 사상이나 인생을 잘 나타내고 표현하는 것"이었다고 말했다. "왜 그게 당신에게 그렇게 아름다웠어요?" 라는 친구의 물음에 그는 잠시 생각한 뒤에 "몰라요"라고 말했다고 한다.

우리가 대답할 수 있을지 알아보자. 나바호족 인디언의 노래를 부르는 행동이 그 행동을 바라보는 방문객의 경험과 관련이 없다는 이유로 아름다웠지만 그 장면에 간단하게 생기를 불어넣지 않았을까? 이것은 해설에 대한 우연한 좋은 보기가 아니었을까?

해설이 보물 자체 만을 의미한다면 국립공원이나 선사시대의 유적지, 역사적인 격전지, 혹은 영웅적인 훌륭한 조상들을 기리는 귀중한 기념관이건 간에 해설로서의 적절한 성과는 전혀 없다. 그런 결과는 아마 해설의 가장 중요한 목표로 귀결될 수 있다. 왜냐 하면 우리 힘으로 막을 수 없는 것을 잃을 운명에 놓여 있기 때문이다. 국립공원청 행정부 책자에서 이 상황에 적합한 간략하고 심오한 표현을 찾았는데 "해설을 통해 이해하고, 이해를 통해 감상하고, 감상을 통해 보호한다"고 말했던 것인데 그 사람에게 감사를 드리고 싶다.

우리는 많은 해설가들에게 우리가 소유하고 있는 모든 것을 하나님에게 감사하여 부르는 찬송가처럼 아주 빈번하게 이 구절을 암송하도록 했다. 왜냐 하면 가장 실제적인 의미에서 그것은 종교적인 정신

의 제안이고 영혼의 촉구이며 자연적이거나 인공적인 보물을 우리가
보호해야만 하는 가장 훌륭한 목표의 산물임에 틀림없기 때문이다.

　보물을 이해하는 사람이라면 의도적으로 훼손하지 않을 것이다. 왜
냐 하면 그가 진심으로 그것을 이해한다면 그것은 어느 정도 자신의
일부 임을 알기 때문이다. 에머슨은 "나는 나의 아름다운 어머니 즉,

전통 복장을 입은 해설가가
예전의 일상적인 집안일을
해설하는 것은 생명력 있는
역사적인 프로그램의 기본
요소다. 펜실바니아 주의
호프웰 마을 역사유적지에서
양초 제작 시범과 버지니아
주의 국립 조지 워싱턴
출생유적지의 식민지 시대
부엌 시설 등을 해설했다.
두 곳에서는 방문객의 이해를
돕기 위해 현장을 보여줄 뿐만
아니라 냄새를 맡고 손으로
만질 수 있도록 했다.

자연에게 돌을 던지는 것과 나의 포근한 보금자리가 더렵혀지기를 원하지 않는다"라고 언급했다.

미국의 위대한 철학자와 해설가의 생각을 감히 수정하려는 사람은 용감한 사람임에 틀림없지만 이번 한 번 만은 감히 내가 말해야 될 것 같다. "모든 올바른 교육 즉, 인간을 바로 세우기 위해 공헌하는바 인간과 관련지어 자연의 진정한 위치를 나타내기를 바랄 뿐이다."

에머슨은 인간의 완벽함에 아주 만족했기에 인간과 자연이 불가분의 동료임을 확실히 깨닫지 못했는데 인간과 자연은 불리할 수 없는 즉, 하나이다. 만일 여러분이 아름다운 어떤 것을 파괴하면 여러분 자신도 파괴된다. 진정한 해설은 양심 속까지 파고 들어갈 수 있는 것이다.

진실은 사실을 단순히 암기하거나 사물의 이름을 알려주거나 관광객에게 보여주는 것 이외에 사물의 영혼을 노출함으로써 가능하고 설교나 강의나 가르침을 통해서가 아니라 자극에 의해서만 가능하다.

얼마 전에 어느 마차 여행자 그룹과 함께 어느 국립공원을 방문했다. 임시 해설가 겸 계절 안내자로 근무하고 있던 그 공원 해설가의 본 직업은 대학 교수였다. 그는 공원을 너무 사랑했기에 여러 해 동안 임시직 공원 해설가로서 방학 때마다 이 공원으로 되돌아 왔다. 그는 1회에 3시간 30분이나 소요되는 해설코스에서(사실 너무 길다) 관광객을 여기저기로 데려고 다녔다.

방문객을 안내하면서 모든 해설가가 수용한 기술의 규칙을 거의 지키지 않는 그의 해설 방법에 놀라고 화도 났으며 날씨는 더웠다. 주로 어려운 라틴어 분류법을 사용하여 방문객을 소름끼치게 했다. 무덥고 메마른 장소를 답사하는 코스에서 피곤한 방문객이 할 수 없이 떠나지도 못하고 그와 함께 머물렀다. 저자는 차츰 그를 이해하기 시작했다. 그는 임시직으로 일하면서도 방문객에게 많은 이야기들을 열정적인 표현들로 해설하였으며 묘사하였고 또한 사랑을 전했으며 해설내용을 방문객들이 잘 이해하도록 설명했다.

끝으로, 황량한 산 위에 서 있었던 이 해설가는 나를 마지막으로 놀라게 했다. 마치 우리가 답사를 막 시작했을 때만큼이나 신선하게 우리의 발 아래 있는 바위가 물리적이고 유기적인 압력을 받았던 방식의 이야기를 시작으로 어떻게 식생이 생겨났는지, 이 바위에 형성된 조그마한 피난처, 식물과 잡목 마지막으로 나무들, 그리고 잔디와 숲의 출현 등 전율이 느껴지도록 설명했다.

피곤한 관광객들은 오도 가도 못하고 어쩔 수 없이 열심히 그의 해설을 들었다. 그러더니 별안간 신록이 저렇게 아름다워지기 위해서는 수없이 많은 세월이 걸린다는 것을 지적한 후, 갑자기 커다란 몸짓과 손가락으로 딱 소리를 내면서 다음과 같이 결론지었다. "담배불로 여러분이 이 모든 것을 파괴할 수 있다는 것을 명심하세요!"

극적이죠? 그래요, 지나친 연기였나요? 아니죠, 그것은 완벽했어요. 모든 길가에 화재 주의 경고 안내판을 세울 수 있는 것도 아니다. 통계가 나와 있는 것도 아니고 논리를 말할 수도 없다. 이 공원 해설가는 방문객들에게 공식적으로 보존이 특별하기 때문이라는 것을 나는 말한다. 우리는 그런 기회를 자주 가질 수 없다.

그러나 중요한 것은 가르침이 아니라 자극이었다.

6장
완벽한 전체를 향해

해설은 부분보다는 전체를 표현하는데 목표를 두어야만 하고 어느 한
면 보다는 전체를 다루어야 한다.

지혜란 많은 사실에 대한 지식이 아니라 외견상 관련 없는 사실에 대해 기초가 되는 통
일체로 인식하는 것이다.
　　　　　　　　　　　　　　　　　　　　　　　　　　　　　—버네트(Burnet)

　수많은 단어들 가운데 '전체'라는 단어보다 더 아름답고 중요한 것
은 없다. 전체가 처음에는 '건강'을 뜻했다. 어느 누구도 육체적이거
나 도덕적 자아의 어떤 분야에서만 건강한 것은 건강하다고 말할 수
없다. '완전하며 건강한 사람에게는 의사가 필요 없다'(마태복음 9장
12절).

　사람이 자신의 삶에서 어떤 실수를 되돌아 볼 때, 대부분 실수의 원
인이 전체를 위해서 어떤 한 부분의 실수를 했다는 사실을 인정하지
않을 사람은 아무도 없을 것이라고 믿는다. 전체를 위한 것이 어려운
일이라는 것을 연구하는 동안 부분을 채울 의도에 의한 이해의 즐거
움 때문에 그렇게 되기가 쉬울 것이다. 사실 우리는 진실을 전혀 인
식하지 못하면서 '모두를 안다'라고 말하려는 경향이 있다.

　해설의 기본 목표는 상세한 부분이 아무리 흥미 있다 하더라도 부
분보다 전체를 표현하는 것이다. '총체'가 아니라 '전체'에 주목할
것이다. '총체'는 무한대로 솟아오른다. 청중과 독자들이 함께 보낼

국립 커로니얼 역사공원의 요크타운 길가에 전시된 해설판은 과거를 되새길 수 있도록 했다.

수 있는 시간은 너무나 짧다. 친구가 "여행객에게는 세 가지 제한 즉, 시간과 돈 그리고 몰두할 수 있는 능력이 있다"고 말한 적이 있다. 부분보다 전체를 접하는 것이 더 중요하게 될 때 진실로 그렇다.

다른 행성에서 온 방문객 앞에 여러분이 서 있다고 상상해보시오. 그 방문객은 새의 소리를 들어왔으나 전혀 본 적은 없었고, 여러분은 새에 대해 많이 알고 있을 때 여러분은 그 방문객에게 해부학에서 새의 날개는 인간의 팔이나 말의 앞다리와 매우 유사하며 역시 물고기도 유사한 기능을 가지고 있다고 말할 수 있다. 곤충을 잡아먹는 새는 농부의 친구이며 사냥꾼의 사냥감이 되기도 한다. 여러분은 새에 관한 수백 가지 재미있는 사실을 말해 줄 수 있다.

러스킨(J. Ruskin)은 사랑스럽고 예술적인 개념으로 끝을 내면서

"새는 깃털의 형태를 만들어 하늘을 나는 것에 지나지 않는다"라고 했다. 다른 행성에서 온 방문객은 '새는 무엇일까?'라는 의문을 남기고 떠날 것이다. 새는 작은 개체이며 부분이나 속성의 집합이 아니다. 만일 당신이 이것을 사실로 받아들일 수 없다면, 나는 여러분에게 여러분의 부분과 속성을 받아들이거나 아니면 나를 새로 만들어 달라고 간청할 것이다.

얼핏 보기에 전체의 완전함을 말할 때 즉, 해설가가 성취하기에 대단히 어려운 것을 논의하느라 분주해 보일 수 있지만 사실은 그 반대이다. 각기 다른 여러 단체에서 행했던 해설 내용에서 중복되지 않도록 하기 위해서 관련 없는 사실을 다루려 할 때 해설은 관객이나 해설가 스스로가 지루해하거나 열의를 잃게 된다. 우리 모두는 이른바 판에 박힌 연설을 할까 두려워하지만 직감이나 또는 계획을 잘 짜서 극적으로 전체를 전달한다면 진부한 표현들을 거의 없앨 수 있다.

일반적으로 해설가는 직감에만 의존할 수 없으므로 원칙에 의해 전달해야 되며 그 원칙은 다음과 같다. 자연적, 역사적 혹은 선사시대의 유물 등이 보존된 지역을 찾는 방문객은 그 장소들의 중요함과 그곳을 보존 구역으로 정한 이유에 대해 궁금하고 복잡한 정보보다는 하나 혹은 그 이상의 전체적인 그림을 마음 속에 지니면서 답사를 시작하는 것이 훨씬 좋을 것이다. 이 의미를 설명하기 위해 여러 가지 형태의 보존 지역에서 얻은 보기를 제시한다.

먼저, 원시적인 장소로서의 아름다움이나 과학적인 특성 또는 이 두 가지를 모두 지닌 빅 벤드 국립공원[17]은 사막-산-강-야생지로 구성된 국립공원이다. 전에 이용되었던 많은 상업적인 용도에서 벗어나 방문객이 방문할 때 필요한 숙박 시설의 건축이 허용된다면 공

---

17 빅 벤드 국립공원(Big Bend); 텍사스 주 남부에 위치한 공원.

원을 자연적인 상태로 개조할 의도가 있을 것이다. 잘 절개된 화성암 바위들이 리오그랜드 강 쪽으로 기울어진 평원으로부터 솟아오른 자연의 아름다움은 자연주의자와 역사가 그리고 고고학자의 관점에서는 과거에 이곳에서 어떤 일이 발생했었는지에 대해 설명할 수 있는 수천 가지의 재미있는 사실들을 포함하고 있다.

사막에 관한 이야기를 살펴본다면, 널려있는 석탄산과 저(低) 지대에서 자라는 선인장이 눈에 띄고 특히 큰 단검과 같은 줄기 잎들은 매우 인상적이며 특이하다. 사랑스런 용설란 속(屬)의 어게이브(agave) 식물은 치소스(Chisos) 분지의 양쪽 면으로 뻗어있고 그들의 종(種)을 위해 희생해야 될 마지막 시기에 꽃이 핀다. 이 공원에는 또한 북아메리카 텍사스 지역에만 있는 향나무가 산에 늘어져 있으며 산정(山頂)에는 위도상으로 훨씬 더 북쪽에서나 볼 수 있는 나무들이 숲을 이루고 있다.

그렇다면 관광객이 별로 관심 갖지 않을 많은 특성들 가운데 상상력을 자극하여 잊을 수 없는 인상을 남기고 유기적인 삶에 미묘하게 적응할 수 있도록 하는 전체는 무엇일까? 여기에서 살펴 보고자하는 예는 강우량이 줄어드는 이야기로써 수세기 동안 증가하는 건조(乾燥)로부터 '탈출'을 시도한 것이었다. 여러분들이 탐방객으로서 비나 눈이 연중 1미터가 넘게 내리는 지역에서 이곳을 관광하기 위하여 왔을 때, 외견상 만일 비구름이 없다면 유기적인 방법으로 생명을 유지해나가는 방식이 일반적인 양상일 것이고 여러분이 사는 지역도 그렇게 보일 것이다. 이것을 특별한 전체로 진전시키기 어렵겠지만 현장 해설가는 훨씬 잘 판단할 수 있을 것이다. 단순히 그것만을 전체라고 말하고 싶다.

다음은 미시시피 주의 빅스버그(Vicksburg) 전쟁 국립공원으로 가

보자. 남북전쟁 성지는 미시시피 강기슭의 기름진 황토 지역에 있기 때문에 자연경치가 아름답다. 추측컨대 1863년 그랜트(Grant) 장군이 오랜 포위 공격(이것은 그 전쟁의 가장 복잡한 작전 중의 하나)으로 도시를 극적으로 점령하여 독립시켰기 때문에 방문객은 오늘 여기에 서 있다.

만일 해설가가 방문객과 함께 짧은 몇 분이 아니라 더 많은 시간을 함께 할 수 있다면 강쪽에서부터 요새를 점령하려고 시도했던 여러 번의 실패에 대한 자세한 사항들을 이야기 할 수 있을 것이다. 그랜트 장군의 육지로부터의 마지막 성공적인 포위는 북군에 대한 일련의 군사적인 작전의 성공과 거의 똑같이 관련이 있다고 하겠다.

여기, 다시 현재의 방문객들에게 군사적인 전략과 전술이 아닌 훨씬 더 많은 전체적인 의미가 있다. '전체'는 포위와 생포에서 나타났듯이 미조리 연대의 이야기에서도 알 수 있다. 미합중국의 열한 번째 연대인 미조리

섬터 성채 모형은 오리엔테이션을 하는 역사전문 레인저가 국립유적지에서 해설로 이해를 돕는다.

국립공원 관리청 석공들은 하와이에 있는 국립 피난도시 역사공원에서 거대 성곽이 더 이상 무너짐을 방지하려고 약한 부분을 제거 후 원래의 기준에 맞추어 보강하였다.

연대는 그 전쟁의 한편이었지만 남부 연방군의 세 번째 인 또 다른 미조리 군대는 다른 편이었다. 상호간에 지나치게 악의를 품은 상태로 남과 북으로 분리된 경계 상 황의 이야기로부터 전쟁 자체 즉, 동족상잔의 비극을 엿볼 수 있다.

대치된 상황에서 이런 연대를 지휘했던 지휘자들을 빼면 지금과 무슨 차이가 있을까? 그들은 좌측 진영 아니면 우측 진영이었는가? 서로를 죽이려 애쓰는 미조리 소년들 중 몇 명은 한 때는 같은 할머니로부터 생강이 든 빵과 도넛을 먹었다. 그것이 바로 전체다. 마찬가지로 남쪽의 대의(노예제도 폐지의 반대)로 완전한 비극이 된 사실—자신의 운명을 신앙에 던져버렸던 북쪽 사람인 펨버톤(Pemberton)은 요새를 포위당할 수밖에 없었던 바로 그 장군이었다—이 전체이다.

우연히 아리조나 주 루즈벨트 댐에서 멀지 않은 톤토(Tonto) 남서부에 있는 작은 기념비를 방문하여 자연주의자이며 공원 해설가와 얘기할 때, 그가 말하기를 아닌 밤중에 홍두깨 격으로 말이 나왔으니 하는 말인데 "틸든 씨, 가파른 언덕을 보려고 온 대부분의 방문객은 논에서 돌아온 인디언들을 보고서 삶이 인디언들에게 대단히 힘들었을 거라 생각했음을 당신은 아시는지요. 그러나 나는 그들이 즐거운 생활을 한 라일리[18]의 삶처럼 살았다고 생각합니다"라고 이야기했다.

나는 "그것이 내게는 전부인 것 같아요. 나는 그 도자기가 까만 바탕에 흰색인지 흰색 바탕에 까만색인지, 혹은 누가 미국으로 이민 올 때 베링해를 거쳐왔는지 혹은 뗏목을 타고 남아메리카로 갔는지에 대해 전혀 무관심한 방문객들의 마음 속에 전체적인 청사진을 엮어 주기를 희망한다"라고 대답했다.

물론 톤토 지역의 선사 시대의 사람들에게도 다른 곳의 사람들처럼 나쁜 시기도 있었지만 거의 극소수의 사람들이었을 것이고 그들이 머무르고 있는 아리조나는 한가로웠으며 밝고 맑은 하늘과 커다란 즐거움이 계속되었음에 틀림없었을 것이다. 어떤 방문객 자신이 비슷한 위치에 있었거나 같은 상황이었더라면, 톤토 사람들이 했었던 것—억지로 거의 같은 식으로—과 똑같이 모든 것을 했을 것이다.

탐방객은 톤토를 사랑했을 것이며 자신의 집을 지구의 중심으로 자신의 아이들과 자신의 신(神)을 최고라고 생각했을 것이다. 이것이 전체다. 우리가 고고학자의 힘든 연구에 감사하고 있지만, 고고학자의 수단은 공공의 수단이 아니고 자신의 학자적인 생각도 많은 대중의 생각이 아님을 기억해야만 한다. 미 동부도시의 현인이 이것에 대해 말했던 것을 들어보자.

---

18 라일리(Riley); 즐거운 삶을 살았다고 전해지는 미국의 시인.

고대에 대한 많은 연구를 수행하는 것은 조잡하고 야만적이고 터무니 없는 것을 없애는 대신 현시점을 소개하기 위함에서 비롯된다. 벨조니(Belzoni)는 엄청나게 많은 일로 그 자신이 한계점에 도달할 때까지 테베[19]의 피라미드나 미이라의 구멍을 파고 측량한다. 그가 자신에게 만족할 때 란 그와 같은 사람이 그 일을 했으며 그가 해야만 했던 목표에 도달해서야 문제가 해결될 때이다.

지리학자 사무엘 보그(Samuel W. Boggs)는 예전에 '전체의 건전함'에 대해 말했었다. 처음에는 그 말에 약간 긴장했었는데 지금은 그가 상당히 정확했었다는 것을 알고 있다. 신경을 거슬리며 절반은 진실이고 절반은 거짓인 시장터에서 전체라는 온화한 안식처로 왔을 때 현명한 사람이라면 넓은 황무지에서 미천한 자신의 존재를 구제 할 수 있음을 알고 있다. 피로에 지친 사람은 주변의 손실되지 않은 삶의 구성을 알아감에 따라 자신이 다시 전체가 됨을 느낀다. 이것은 '유익함'이다.

해안지방인 버지니아 주 포프(Pope)의 낮은 연안 지대에 있는 워싱턴의 생가 방문도 같은 경우다. 그 곳은 조지 워싱턴이 태어났던 집이 아니라 위대한 전체적 인간의 영혼이 있는 곳이다. 이런 사랑스럽고 자극을 주는 환경에서 영웅의 완고한 성격을 상상할 수 있다. 진정한 해설의 보기로 더 위대한 진실, 그 모든 중요한 이미지—혁명에서 굽히지 않는 지도자의 성격—들이 관련이 없다거나 심지어 중요하지 않다는 사실에서도 나타난다.

우리가 어렸을 때는 워싱턴이 정말 위대하다고 생각했었다고 방문객은 자신의 입장을 고수한다. 이것들은 전체적인 인간의 미덕이었

---

19 테베(Thebes); 옛 이집트의 수도.

메사버드 국립공원의
석판으로 연결된 배수를 위한
물매 대지에서, 선사시대
콜롬비아인 바구니 제조공의
집을 해설하기 위한 중요한
선행 요건은 세심한 연구다.

다. 저자는 비록 워싱턴과 다르지만 역시
전체적인 인간이 되기를 갈망한다. 이것이
바로 사무엘 보그씨가 말한 전체의 건전함
이다.

　이와 유사한 이유 때문에 해설가는 야생지역에서나 역사적인 건물
에서나 또는 박물관에서 방문객이 항상 마음에 떠올리는 전체적인
인간에게 호소해야만 된다. 수많은 보기들 때문에 방문객은 그가 왜
거기에 있는지 이유를 잘 설명할 수 없기에 이것이 모순으로 보일지
도 모른다. 만일 당신이 전체적이지 못한 부분적인 사람인 관리인으
로서 방문객의 질문에 대답한다면 그 상황은 희망이 있을 리 없다.
예를 들면, 만일 어떤 사람을 당신의 전공 분야 주제에 대한 정보를

메사버드 국립공원의 구멍 파인 방 바닥위에서 발견된 인간의 유골과 가공품은 콜롬비아 문화 이전의 모습에 대한 깊은 연구가 진행되었다.

찾고 있는 사람으로 간주한다면, 그를 일부분으로 생각하고 그 순간 그 부분에 대해 단지 당신이 가지고 있는 정보를 아무 것도 주지 않을 수 있다.

만약 새로운 경험과 모험과 휴식 그리고 "당신은 그것을 놓치지 말아야 해"라고 말해 주는 친구들을 모방하고 호기심과 정보와 관심 그리고 수천 개의 이상한 동기를 찾는 전체적인 인간을 목표로 한다면 당신은 전체적인 인간이 될 수 있을 것이다. 전에 국립공원청에 있을 때 어느 시골 호텔의 똑똑한 웨이터의 경우와 상황이 비슷하다고 친

90

구에게 말한 적이 있었다.

손님이 메뉴를 보고 당황할 것을 알기에 현명한 웨이터는 직접적으로 음식을 주문 받지 않는다. "그것을 원하지 않습니다"라고 손님이 대답할 것임을 안다. 그래서 조심스럽게 접근한다.

"부엌에서 오늘 주방장이 매우 맛있는 스튜를 만들고 있는데 냄새가 좋아요. 나는 시간이 있으면 그것을 직접 만들고 싶어요." 종종 손님은 이 스튜를 정확히 자기가 원했던 것으로 결정하고 주문하지만 웨이터의 마음을 알 수 없다.

간단히 유추하면 인과 관계임을 알 수 있다. 손님은 저녁식사 후 안락함을 느끼며 상당히 좋은 호텔이라 생각한다. 왜 밤에 방안에 머무르지 않은가? 머무를 만한 특별한 이유도 없기에 산책을 한다. 나무와 숲은 신록으로 푸르다. 손님은 오랫동안 산책의 아름다움과 기쁨을 잊고 살았다. 그곳은 생각보다 더 좋았다. 그는 지금 여기서 흥미 있는 일을 많이 할 수 있다고 생각한다.

더 이상 긴 말 할 필요가 없었다. 중요한 것은 방문객은 먹을 것과 갈 곳을 찾는 단순한 기계장치의 인간이 아니라 전체적인 사람이라는 것이다. 전체적인 사람은 분위기가 있다. 만일 오래된 공원의 나무 아래 누워서 녹색 나뭇잎 사이로 하늘을 쳐다본다면, 그것이 전체적인 인간―순간적 분위기―의 한 부분이다. 그를 방해해선 안된다. 나중에 그 밖의 또 다른 어떤 것을 찾을 것이며, 이 보호구역의 관리인은 온화한 탁자를 공원 안에 설치할 것이다.

모든 해설가는 전체적인 인간의 분위기를 존경해야 하고 겸손을 배워야만 한다. 겸손을 조롱하는 것이 아니다. 그렇게 되면 끔찍할 것이다. 사람의 진정한 겸손은 자신의 성취에 자신감이 있으며 특별한 지식을 잘 측정하는 것이 운명임을 알고 기뻐해야 한다. 그러나 그런 생활에 처신을 잘 할 수 없는 사람은 끊임없이 참아야한다. 예를 들어, 당신의 설명이 방문객의 전문 분야일 경우 그 해설에 스스로 자신감이 없다는 것을 인식하는 게 좋다. 이것은 설교하려는 뜻이 아니라 유익하고 이해할만한 해설을 제안하려 한다.

공원이나 역사적인 기념비와 박물관에 찾아오는 방문객으로부터 몇 가지 바보 같은 질문을 자주 들었다. 방문객이 내용을 잘 모르는 사람으로 간주되기 쉽다. 그러나 종종 그런 바보스런 질문은 방문객이 대화를 이해하고 있음을 확신시켜 주려고 말하는 천재적인 욕구로부터 생겨난다고 생각한다. 단순히 생각할 시간이 없으며 그것이 어리석음으로 나타날 뿐이다. 방문객이 이미 알고 있는 것으로 대화 내용을 돌려본다면 그는 바보 같은 질문을 하지 않을 것이다.

위슬러(Wissler) 박사는 다음과 같이 말했다. "모든 공원 해설가는 관광객이 경치를 보고 느끼는 능력을 과대평가하고 한편으로는 '보통 방문객'의 지력을 과소 평가하려는 경향이 있다". 위슬러 박사가 그것을 말했을 때라면, 이것이 오늘날은 사실이 아니라고 생각할 수 있지만 적절한 해설이라면 이런 실수는 하지 않을 것이다.

에머슨은 '참을성 있는 자연주의자가 있으나 그들은 주제를 이해의 냉담한 빛 속에 가둬 놓았다'라고 썼다. 그는 다른 사람들처럼 '참을성 있는 자연주의자들'에 대해 대단한 찬사를 보냈다. 에머슨은 단지 '이해'는 전체적인 인간의 속성 중의 하나이다. 그의 자연적, 종교적 영혼과 감정과 지속성에 대한 갈망과 이야기를 사랑하는 것 그리고 물질적 즐거움은 그의 다른 부분들 가운데 있음을 기억해야만 한다.

7장
어린이를 위해

어린이(가령, 12살까지)를 상대로 하는 해설은 어른을 상대로 하는 해설과 섞여져서는 안 되며 기본적으로는 접근 방식을 다르게 해야 한다. 최선의 방법은 내용을 분리할 필요가 있다.

어린이에게는 모든 것이 개별적이며 그 자체를 표현한… 나중에 관련 없는 것들을 응집하면서 하나의 줄기에서 꽃피게 한다.
—에머슨

에머슨이 '나중에'라는 말을 쓴 이유는 나중에 어른이 되어서 추상적인 것들을 잘 파악할 때가 있을 거라고 믿었기 때문이다. 그러면 정말로 '관련 없는 것들이 하나의 줄기에서 꽃을 피울까?' 만일 에머슨이 여기에 있다면 지금 어린이들에게 행해지는 놀라운 해설적인 노력—자연학습관, 박물관 전시, 보도로 야외에서 오솔길을 따라 걸으면서 설명하는 해설과 나머지 모든 해설—들을 보면 기뻐할 것이다.

왜냐하면 에머슨이 살았을 당시에는 해설이 행해지지 않았기 때문이다. 당시에 많은 교재와 교사가 있었고 다소 말을 잘 듣거나 그렇지 않는 학생들도 있었지만, 헌신적인 교사들도 사실 사물을 학생들에게 이해시켜주기 위해 사물과 직접적으로 접촉해 보지도 못했으며 학생들에게 용기를 심어주기가 불가능했다고 말하면서 오히려 학생들에게 감사해 했다.

만일 에머슨이 어린이를 위한 해설로 성공을 거둔 장소 즉, 예를 들면 국립수도 공원과 그 주변 혹은 쿡 군(郡)(Cook County)의 삼림보호 구역 혹은 식민지풍의 윌리암스버그(Williamsburg)나 쿠퍼스타운(Cooperstown) 그리고 구 스터브리지(Old Sturbridge)나 그린필드 마을(Greenfield Village)을 방문할 수 있었더라면, '별로 관련 없는 것들을 한 데 묶어놓았다' 라는 것에 동의할 것이다.

예를 들어보자. 나는 얼마 전에 어느 자연주의자가 학년이 다른 수백 명의 학생들에게 해설하는 것을 들었다. 그 해설가는 여러 차례 '생태학'이라는 단어를 사용했다. 저자의 학창시절에는 '…학[-logy]'으로 끝나는 단어는 어떤 단어든지 어렵게 생각되었다. 생각해보면, 우리가 관심을 가질 준비가 되어있지 않았다. 그 자연주의자는 학생들에게 그 단어는 잔디나 나무와 곤충 새 파충류 그리고 설치류의 군집 생활을 나타내며 그들의 운명은 '집'과 밀접하게 관련있다고 설명했다.

어린이들은 단순한 관심만을 가졌던 게 아니고 이런 생각이나 집이 암시하는 것에 매력을 느꼈다. 그래서 생태학이라는 단어는 쉽고 게다가 명사류에 그것들을 화려하게 첨가시킨다. 그러나 중요한 것은 어린이들이 여전히 어린이들이라 해도 이런 자연의 개념과 분류된 모든 생명체를 생태학에다 더함으로써 크게 관련 없는 것들을 응집시킨 점이다.

같은 어린이들이 아마 '사회학'과 '이론학'이라는 단어도 어렵다고 불평할 것이다. 그들은 아직 이런 정보에 익숙하게 준비되어 있지 않기 때문이다.

어린이를 위한 수많은 자연센터와 박물관 그리고 성공적으로 훌륭하게 수행하였던 해설의 많은 활동을 고려해보면, 해설의 여섯 번째 원칙 즉, 어린이를 상대로 하는 해설은 어른을 상대로 하는 해설과

공룡 발굴지 탐방객 센터는
화석을 간직한 절벽과 맞서
건축된 유일한 건물이다.
공룡 국립유적지

섞여져서는 안되며 기본적으로는 접근 방
식을 달리해야 한다는 것을 알 수 있다. 최
선의 상태가 되려면 내용을 분리할 필요가 있다는 것이 일반적으로
수용될 것이고, 자연적인 해설방법이나 기술에 대한 많은 견해가 있
을 것이다.

현재 어린이들을 위한 가장 효과적인 프로그램이 학교라는 예정된
단체의 방문객이 접근하기에 가장 용이한 장소에 있을 것이다. 비록
식민지풍의 윌리암스버그와 같은 보호구역에서는 방문객들이 더 오
래 머무를 수 있도록 숙박 시설을 제공한다지만 자연 학습관과 박물

관 등은 주로 하루 만에 방문할 수 있는 장소들이다.

또한, 어린이를 위한 프로그램을 유지하는데 드는 비용이나 인원에 대한 문제가 있다. 이에 대해서 여기서 말할 수 있는 것은 더 큰 기관에 의해 지금 진행되고 있는 일을 재검토 해보면, 그러한 장소에서 간단한 해설을 행할 수 있다고 하더라도 몇몇 계획은 전혀 사용될 수 없다는 것을 확신한다. 윌리암스버그 만큼 훌륭하게 해설을 잘 수행한 곳은 거의 없다. 역사적인 건축물이나 보잘 것없는 어떠한 박물관은 비교적 비용을 들이지 않고도 몇 가지 기본적인 아이디어를 해설에 이용할 수 있다.

원리에서 언급했듯이 12세로 어린이의 최고 나이를 선택했던 것은 사실 의도적이며 자의적으로 그렇게 했다. 어린이를 위한 해설의 아주 중요한 요소들은 어른이나 청소년에까지 유용하며, 또는 구두 표현이나 자료 등 중학생을 목표로 하는 다른 정보전달의 수단은 12세 이상의 학생과 심지어 어른에게도 관심을 끌었다.

입학한 지 얼마 안 된 어린 학생은 사물의 이름을 아주 잘 배우며 결코 기계적인 반복을 하지 않음을 볼 수 있는데, 그 경우는 우리가 실제적인 정보를 주어서 어린이를 싫증나지 않게 할 때이다. 어린이와 어른을 상대로 해설하는 해설가는 어떤 면에서는 순수한 정보를 열망하고 있는 반면에 다른 면으로는 그런 순수한 정보를 얻고자 하는 것을 약간 싫어한다는 것을 알아챌 것이다. 이러한 차이점 때문에 어린이를 상대로 하는 해설은 기본적으로 다르게 접근해야 될 필요가 있다.

어린이들의 어떤 특별한 특징은 확실히 열렬함은 다소 줄어들겠지만 먼 훗날에까지 영향을 끼친다. 그 우스운 특징 중의 하나는 모든 것을 과장하면서 기뻐한다는 것이다. 저자는 한 무리의 유치원 어린이들이 박물관으로 견학가는 것을 따라간 적이 있었는데, 그곳에서 '가장 큰 알'과 '가장 작은 알(보금자리에 있는 벌새)'을 손으로 만져보고 들어보기도 하며, 전시를 위해 천정에 매달아놓은 '가장 큰 동물(고래)'의 뼈를 관찰함으로써 몇 가지 모험적인 전율을 확실히 느꼈었다.

어느 전시실의 한 구석에 실물보다 큰 크기의 조각이 있었다. 대부분의 어린이들은 지나가면서 이 조각을 만져 보았다. 저자는 해설가이자 교사에게 왜 어린이들이 그렇게 만지는지 물었다. "그 조각이 아주 크기 때문입니다" 단순히 실물 크기였다면 만지지 않았을 것입니다". 가금류 알을 전시하는 곳에서는 모두 24개가 한 묶음이라는 것에 관심이 있었다. "그것은 가장 규모가 큰 묶음이었습니다"라고 설명했다.

과장하기를 좋아하는 어린이들의 이야기처럼 들립니까? 그렇습니다. 여러분은 수 백 만 명의 어른들이 '역사상 가장 규모가 컸던 눈사태(1888)'에 대해 흥미 있게 이야기를 하며 또 다른 수 백 만 명의 어른들이 다음과 같은 과장들 즉, 세계에서 가장 높은 산(에베레스트: 그러나 사실은 히말라야 산맥에 몇 미터 낮은 여러 개의 정상들이 있다)과 전에 발견된 가장 큰 돌이 된 도마뱀과 미 대륙에서 가장 높고 가장 낮은 근사한 지점(휘트니 산과 밑바닥이 해수면 보다 낮은 죽음의 계곡 국립공원)과 이른 봄에 가장 빨리 볼 수 있는 물새와 지구상에서 가장 작은 교회를 보고 즐긴다는 것을 회상할 때면 계속해서 과장해 이야기할 것이다.

어린이의 또 다른 현저한 특징은 부분적으로는 행동이 자유로운 특징인데 어느 정도까지는 인생을 통해 계속된다. 인간의 오감 중에서 눈으로 보는 것과 귀로 듣는 것을 제외한 다른 세 가지 감각을 통한 개인적인 관찰을 아주 좋아하는데 가장 눈에 띄는 것은 '그것이 무엇처럼 느껴지는가?'에 대한 충동이다. 과거의 해설은 방문객들이 최대한 만져보고 싶은 충동을 만족시켜줄 만한 기회를 가질 수 없었다. 현재 어린이를 위한 해설은 어른을 위한 해설학보다 직접적인 체험을 훨씬 더 많이 이용하고 있다.

좋은 예로, 자연주의자들은 아주 쉽게 어린이들이 냄새와 맛을 볼 수 있도록 할 수 있는 좋은 기회를 가질 수 있으며 그들 중 몇 명은 이런 기회를 아주 효과적으로 잘 이용한다. 쿡 군(郡)의 숲 속 보존구역에 있는 작은 학교의 빨간 문 못에 매달려 있는 가방을 보았는데, 그 아래에 다음과 같이 쓰여 있었다. "냄새를 맡아보세요. 무엇일까요?" 잠시 생각하지 않고 다가가서 본능적으로 가방 속에 있던 풀의 냄새를 맡아보았다.

발굴 전문가는 탐방객 센터의 내부 벽을 형성하는 벽 위로 나타나는 거대한 파충류 화석 뼈를 진열한다.

'무슨 냄새가 날까요?' 그것은 사물 자체의 단순한 향기 이상의 교육적 경험이었는데 냄새를 통해서 기억을 촉진시킬 수 있으며 어린이와 어른이 관심을 갖거나 좋아하는 향기와 냄새의 분야로 주의를 끌며 향기에 대해 새로운 경험을 할 수 있도록 한다.

시골에 사는 어린이는 맛과 냄새를 통해 많은 종류의 식물 종(種), 심지어 여러 종류의 흙의 재질까지도 아주 빨리 파악한다. 요즘에 시골이 점점 도시화됨에 따라 수 백 만 명의 사람들이 해설이 행해지는 공공보존 구역에서만 그런 지식을 듣게 될 뿐이다.

단순한 교육적인 의미뿐 만이 아니라 냄새를 통해 직접 체험하는 실질적인 현장 체험 지식은 해설의 분야에서 아주 중요한 요소로, 내가 쿠퍼스타운에 있을 때 전통이 있는 선술집의 향기를 낡은 주막집에서 느낄 수 있느냐에 대한 몇 가지 방법에 대한 논의가 있었다. 그 생각은 마치 역사라는 구조에다 시간이라는 가구를 제공하는 것만큼이나 과거를 현재로 조명하는 의미로 매우 중요한 것이었다. 왜냐 하면, 그것은 목표가 같기 때문인데 방문객에게 조상들이 느꼈던 살아있는 바로 그 경험을 느끼도록 해주기 때문이었다.

쿠퍼스타운의 '농업 박물관'에서 미국의 독립전쟁 때부터 1850년까지의 시골의 삶과 관련 있는 전시물을 어른이나 어린이가 만지거나 직접 조작하면서 옛 시골 생활을 이해할 수 있도록 전시된 많은 물건들 때문에 감동 받았다. 박물관장 존스 박사는 "어린이들이 전시물로부터 일정한 거리를 유지해야 되는 단 한 가지 이유는 사물의 손상이 아니라 어린이들이 다칠까 염려되기 때문이다"라고 말했다. 자유로이 만질 수가 있었는데도 오히려 전시물의 손실이 파괴나 손상에 의한 손실이 아니었다는 것이 궁금할 뿐이었다.

반면 그 관장은 이 전 해에는 그런 손실 혹은 수리가 거의 없었다고 말했다. 그런데 전시물의 파괴에 대한 그 관장의 생각은 고려해볼 만한 가치가 있다. 박물관장은 잘 관리 유지되고 있는 질 좋은 전시품은 방문객이 손님의 자격으로 환영받는 것처럼 따뜻한 마음을 더할 수 있도록 하고 무책임한 행동을 제한하는 효과를 준다고 생각했다. 우리가 관찰한 바로는 여러 가지 고려할 사항들이 있겠지만 이 두 가지는 똑같이 대단히 중요하다고 생각한다.

어린이는 상당히 많은 사실을 알고 싶어 갈망할 뿐만 아니라 일단 그 사실을 받아들이기만 하면 쓸데없는 참견으로부터 해방을 느낄 정도로 지나치게 세심하다. 언젠가 3살짜리 어린아이 요청으로 노랫말 '크리스마스 전날'을 암송한 적이 있었다. 그 어린 아이는 이 노랫말을 여러 번 들었으며 외워서 잘 알고 있었다.

저자가 '놀라운 무엇이 나타났을 때 그것은 8마리의 모형 썰매와 어린 사슴'이라는 행(行)을 말했을 때, 아이는 나에게 "일곱 마리 어린 사슴"이라고 바꿔 말하기를 재촉했다. 그 어린 소녀는 마치 내가 욕이나 한 것처럼 저자를 노려보았고 비난하여 어쩔 수 없이 '8마리 작은 사슴"이라 말했다.

어른은 산타클로스의 사슴이 8마리 혹은 12마리였는지에 대해서는 실제로 큰 관심이 없으며 그렇게 중요시하지 않은 채 지나쳐 버린다. 에머슨은 이것을 "어린 아이들에게 모든 것은 그것 자체를 나타낸다"고 말했다.

그것은 또한 어린이를 위한 다른 대중매체나 문학의 준비로써 끈기 있는 연구가 필요함을 강조하는 것이다. 해설가의 능력에서 본다면, 이런 견해는 위험하지 않다. 끊임없이 저자에게 영향을 주어왔던 어린이를 위한 해설은 예술의 한 분야로 아주 특별한 재능이 필요하다는 사실이다.

발굴된 절벽 면에 대한 주의 깊은 연구는 해설을 위한 준비 작업의 일부다.

성인 문학에 재능 있는 많은 작가들이 불행히도 어린이를 위한 문학에서는 실패했다. 한 예로 전에 한 출판업자의 초청으로 청소년에 대한 글을 쓴 적이 있었는데, 내 아이들이 우리 가족에 대한 성실성과 아빠의 작품이라는 이유로 그 글을 보고 즐거운 척 했지만 결과적으로 내 아이에게 조차도 기쁨을 주지 못했다는 것을 알게 되었다.

저자는 이런 문학적인 재능이 무슨 의미를 함축하고 있는지 자세한 설명을 듣기 위해 다른 사람들의 생각에 맡기고자 한다. 그러한 많은 보기를 실제로 보았으며 저자는 아직도 당황하고 있다.

새로 신설된 락 크릭(Rock Creek) 국립 수도공원 센터에서 어떤 자

연주의자가 영사기를 이용해서 행했던 해설을 들었던
때가 그리 오래되지 않았다. 클링글 맨션으로 알려졌던
오래된 돌집은 최근 흥미 있는 전시물의 진열장이나 자
연의 세계를 함유한 것으로, 직접 탐방객이 만져보고 체험할 수 있는 장치들로 개조되었다.

실제로 만지거나 조작할 수 있는 전시물이 많이 있었다. 어떤 특별한 경우 학교에서 교사들을 그 맨션에서 해설하고 싶은 주제를 선택할 수 있도록 초대했었는데 그들이 선택했던 지리학은 어른과 어린이의 의사소통에 쉬운 주제는 아니었다.

25세 정도의 젊은 과학자가 있었는데 그가 상당히 젊다는 사실이 어린이를 대상으로 해설하는데 성공적이었는지 물어 보았다. 그 젊은 과학자는 결코 그렇지 않다고 말했는데 그의 말이 옳았다. 왜냐하면 훨씬 나이든 50대 대학교수를 포함한 많은 해설가는 어린이를 다루는 솜씨가 아주 익숙하다는 이야기를 들어왔기 때문이다.

해설가의 일반적인 재능의 한 가지 요인은 친근감을 주면서 직접적인 지시를 숨기는 능력이라고 확신한다. 왜냐하면 어린이는 간접적인 지시에 화를 내지 않고 새로운 경험을 할 수 있는 장소를 방문하는 것이 교실에서 행하는 것과 매우 다르기 때문이다. 여기에서 그 이야기는 더 중요하게 진행된다.

즉, 모험적인 요인이 최고이다. 매혹적인 사실을 강조하거나 '박물관'이라는 말에서 가상의 비난을 줄이고자 '박물관은 이야기이다'라고 하는 박물관을 실제로 방문하기전의 설명회를 위해서 잘 준비된 영사기가 그린필드 마을[20]에 있다고 생각한다. 그러나 어른들이 일반적으로 그렇게 받아들일 거라고 여기듯이 어린이도 그럴 것인지 사실 궁금하다.

여러해 전에 플로리다 주 세인트 오거스틴(Saint Augustine)의 산 마르코스(Castillo de San-Marcos) 성에서 연구하던 역사학자 매누시(A.

---

20 그린필드 마을(Greenfield Village); 미시간 주에 있는 옛 민속촌으로 자동차 왕 헨리 포드 박물관이 이곳에 있다.

Manucy)는 다음과 같이 물었다.

"당신은 어떤 어린이가 역사적인 현장과 스스로를 동일시하기 위해 소유한 능력에 대해 생각해 본 적이 있어요?" 저자는 실제로 매누시 자신의 훌륭한 재능 이외의 다른 부분에서 생각했다.

이런 재능이 처음에는 어린이 만이 볼 수 있는 위대한 능력에서 생겨나는지 의심스러웠다. 우리는 성인이 진정으로 아무 것도 볼 수 없을 때 많은 것을 본다고 생각한다. 아주 호기심 많은 11살짜리 소년과 산책할 때 "저것을 보세요!"라고 지적하는 곳과 또는 단순히 질문을 받고서 피곤한 상태로 돌아왔던 사람은 누구라도 내 의도를 알 수 있을 것이다.

카스틸로의 산마르코스 성 입구에는 성 안쪽을 향하고 있는 조그마한 청동 대포가 있었다. 그 성을 방문하는 개인 또는 단체의 어린이를 "왜 대포가 저쪽을 가리키고 있어요? 적들은 다른 방향에서 왔을텐데"라고 묻는다. 어른들로부터는 그런 비슷한 질문을 결코 들어본 적이 없었다.

그리고 땅에 붙어 있지 않고 성곽 지붕 위에 설치된 대포 때문에 놀라는 사람들은 바로 어린이들이었다. "그들은 어떻게 대포를 발사할 수 있었을까?" 물론 그와 같은 상황에서, 어린이들은 일반적으로 질문하는 것을 두려워하지 않고 어른은 자기가 틀리지 않을까 두려워 질문하지 않는다는 사실을 알아야만 된다.

게다가 몇몇 기관은 각 학교에다 방문 전에 어린이들이 방문지의 상황과 일치시킬 수 있는 능력을 활용할 수 있도록 많은 해설 자료 ―설명서와 잘 소개된 책자 그리고 영사기 등 중학생이나 그 이상의 학년을 위해 고안된 것―들을 제공하고 있다. 이 분야를 다방면으로 연구했던 식민지풍의 윌리엄스버그에는 다음과 같은 구절이 쓰여져

있다.

"진보한 자료를 사용하는 학생들이 윌리암스버그에서 경험을 통하여 많은 것을 배울 수 있음을 교사가 알아야만 된다." 비록 윌리엄스버그처럼 해설 내용을 잘 유지시키는데 어느 정도 비용이 든다할지라도, 심지어 규모와 인원이 더 적고 유명하지 않은 많은 보호구역에서도 그와 같은 해설을 상황에 맞게 실행할 수 있다고 다시 한 번 지적하고 싶다.

궁극적으로, 해설을 하는데 어떤 박물관이나 역사 유적지 혹은 과거를 현재로 조명하려 애쓰는 관련된 기관이 스스로 노력하지 않을 경우 해설이 성공한다거나 어린이들에게 도움을 줄 수 없다고 감히 말할 수 있다. 예를 들면, 우리는 이해력이 매우 빠른 어린이들이 문화재에 별로 관심이 없다는 것을 모르고서 불안한 세계에 대한 개인적 사회적 불안 요소들 때문에 분명히 아리송해 질 어른들에게 어떻게 관심을 갖도록 기대하겠는가?

이 장(章)과 관련된 원칙은 진실이며, 많은 해설가들과 기관에 의해 가장 효과적으로 이용되고 있다는 견해를 지지하지만 어린이를 위한 해설을 개인적으로 관찰하는 것 이상의 노력을 내 스스로 하지는 않았다. 내 스스로 아동 심리학에 능력이 있다고 전혀 암시한 적도 없고 실제로도 아무런 능력이 없다.

다시 말해서, 어린이를 위한 해설은 비록 이것이 어떤 사람들은 어린이들이나 어른 또는 가장 까다로운 방문객과 어른—지난 몇 년 동안 내가 믿기로는 가장 부당하게 그리고 거의 동종(同種)이라는 뚜렷한 종(種)으로 취급되었던—을 상대로 하여 수행할 능력이 있다고 하더라도 아주 적절하고 신중하게 수행되어야 한다.

비록 지금까지는 몇 가지 훌륭히 수행되었던 내용 만을 언급했지만 큰 차이를 두지 않고 위의 보기들을 선택했음을 덧붙인다. 어린이를 위한 해설에 좋은 일이 놀랍도록 계속되고 있다. 게다가 저자가 방문하지 못했던 관련 기관에 대한 내 보고서나 내가 모은 그들의 보고서와 책자 또는 시험지 등은 매우 광범위하고 고무적이었다.

마지막으로, 이런 해설가의 빠른 증가와 훌륭한 노력을 칭찬한다고 해서 어른을 위한 해설의 끝없는 발전에 대한 가치를 떨어뜨리지는 않을 것이다.

제2부

8장
기록된 언어

지구에 대한 책을 읽는다 해서 도구가 예리해지는 것은 아니다.　　　　—뉴웰(Newell)

이 장(章)에서는 해설의 기호 표시 분류 혹은 인쇄를 위한 저술 과정을 제안하는 것이 아니라 제1장에서 논의했던 해설의 원칙과 일치하는 보기와 생각을 표현하려는 것이다.

언젠가는 미국 국립공원 관리청 구역 중 최소한 네 곳에서 성공적으로 해설학 과목을 수행할 정기적 학기를 갖춘 학교가 생길 것이라고 확신한다. 그리고 해설의 사실적인 면과 관련된 다른 단체들의 경험을 비교하고 사례를 토론하며, 토론과 분석에 필요한 그들의 성과를 표현하는 어려운 분야에서 눈에 띄는 성과를 올렸던 선택된 사람의 말을 들어보기 위해 만날 것이다. 누가 이 말을 했든지 간에 자신이 아직도 노력하는 학생임을 정직하게 시인하게 될 것이다. 어느 누구도 이 예술 분야의 복잡성 때문에 해설의 완벽한 거장이 될 수 없음은 확실하다.

약간 산만하게 이 장을 시작했지만 나는 여러 해 전에 해설에 도전하고 싶어서 '비문'을 연구했고 수집했다는 사실에 주목해야 할 것이다. 이것은 특히 비교적 간단한 메시지나 실내 또는 외부의 간단한 정보 전달보다는 더 깊은 것에 목표를 두었다.

그리스 비문으로 시작했는데 거기에서 어떤 훌륭한 성과를 얻지는 못했다. 그 그리스 비문은 무엇보다도 의도적이며 심지어 희극인데도 보석 같은 시(詩)였다. 그러나 한 가지 이 고대의 예술적 형태는 우리의 관심을 끌 만한 가치가 있었다. 즉, 몇 마디 말로도 다분히 감동적이고 알찬 이야기를 만드는데 충분했다. 그 유명한 시모니데스(Simonides)의 경구(어떤 영어식 해설은 그것의 원래의 우아함을 거의 희미하게나마 잘 읽을 수 있다)는 서모필레(Thermopylae)에 있는 기념비 위에 새겨졌으며, 언급할 가치가 있다:

가서 스파르탄에게 말해라, 그대들은 지나갔으며
그 사람들이 여기에 있다, 우리는 그들의 법에 복종하며 누워 있다.

위의 2행 시(詩)는 그리스의 방랑객에게 역사 원문에서 가능한 한 많은 페이지를 할애하여 표현했다. 그 내용을 읽으면서 우는 것은 놀랄 일이 아니다.

그 고전적 비문으로부터 한 가지 더 인용해야 할 것 같다. 만약 여러분이 우연히 런던에 있는 세인트 폴(Saint Paul) 성당이 웨렌(Wren) 경에 의해 고안되었음을 알게 된다면 자연스럽게 거기에서 그 솔직한 사실적인 표현과 건축물의 상(象)을 보려고 기대할 것이다. 당신이 본 것은 간결한 비문이다. '만약 그것을 내가 기억 한다면, 당신도 주변에서 찾거나 볼 수 있을 것이다(Si monumentum requiris, circumspice)'.

해설가는 방문객이 위대한 아름다움의 경치를 보도록 유도한다; 감상은 내부에서부터 생겨나야한다.
록키산맥국립공원의 릿지 길 트레일 부근의 롱스 피크

웨렌 공(Wren)의 공적을 열거하는 500 단어의 비문을 대충 비교하여 말하는 것은 무기력한 표현이다.

먼저 몇몇 장소의 비문이 그 지역의 해설 계획에 포함된다는 것을 고려해야 한다. 그들이 거기에서 분명히 바위 지반을 건축했다. 여기에서 수백만 명의 방문객은 그들의 첫 번째—많은 사람들은 불행히도 오직 그들 자신의—인상을 갖게 될 것이다. 특히 과학적으로 인정받은 높은 가치 때문에 보존된 지역에서 전문적이며 익숙하지 않은 언어 사용은 전체에 대한 관심을 줄어들게 할 수 있다. 만일 관광객이 해설표시나 라벨을 즉시 이해할 수 없다면 관광객 스스로가 자신에게 그 장소가 일반적인 수준보다 약간 높다고 쉽게 결론 내릴 것이다.

직접적인 표시가 조약돌 위에 빨간 분필로 흘려 쓰여 질 수도 있으나 아무 것도 표시하지 않은 것에 비하면 더 훌륭한 것으로 드러났다. 그것은 방문객에게 좋은 정보를 주는 중요한 역할을 하지만 해설을 담당하는 해설가에게는 그렇지 않다. 왜냐하면 어설프게 표시하는 것은 아무런 표시도 하지 않은 것보다 더 나쁜 경우를 많이 보았기 때문이다.

예를 들면, 캘리포니아 주에 있는 죽음의 계곡에서 그 국립공원의 소금물 웅덩이 근처의 지점을 탐방객에게 알려주었다고 생각되는 '고대 빙하시대에 남아있던 맨리(Manly) 호수는 수위를 1.2미터에서 수 십 미터까지 소금층 꼭대기 아래로 유지시켰다' 라는 해설 문구를 생각해보라.

지질학, 특히 지역 지질학을 모르는 방문객은 해설 문구를 어떻게 생각할까? 이 해설 표시는 탐방객을 빙하 시대로 이끌어간다. 그는 빙하 시대의 개념을 애매하게 이해하게 될 것이고 소금층 아래를 제외하고는 지금은 존재하지 않은 맨리 호수(Manly)에 대한 어떤 사실도 그것으로부터 더 이상 알려는 것을 기대할 수 없다. 죽음의 계곡을 '지질학자들의 천국'이라 말한다. 그러나 만일 그와 같은 도입으로 연구를 시작할 경우를 제외한다면 그것 또한 지질학이 전공이 아닌 비 전공학자들에게는 이상향일 수도 있다.

남북전쟁 기간 동안에 사용했던 전쟁 물자를 전시해놓은 미국 남부의 한 박물관에 있는 전시물들을 회상해 본다. 그 해설 표시는 권총을 의미하며 '인공품' 같은 다른 전시물들도 있다. 실제로 인공품은 사람들이 만들었기에 인공품이다. 그러나 그 인공품도 유물이죠, 그렇죠? 그것이 우리가 일반적으로 부르는 유물들이 아닐까요? 왜 관광객은 이상한 것을 접하고 있다고 생각하는 이름으로 그 유물을 부를까요?

이와 같은 보기는 저자가 지금 우리를 직접 논의하려는 쪽으로 이끌며, 훌륭한 비문을 짓게 하는 기본 소양은 비문을 짓는 사람의 마음과 이에 대한 생각에서 비롯된다. 해설을 기록하는—준비단계는 사실상 말로 해설하는 것과 같다—데 두 가지 단계가 있다. 그 두 단계는 생각과 작문이다. 명백한 것은 둘 중에서 생각이 더 중요하다는 사실이다.

만일 생각이 건전하고 작문이 불완전하다면 결과는 결코 나쁘지 않을 것이다. 반면에, 생각이 형편없다면 작문이 기발하다 하여도 그 결과는 가치가 없거나 심지어 악 영향 만을 끼칠 것이다. 특이한 영감의 경우를 제외하면 적절한 해설적인 비문은 90퍼센트의 생각과 10퍼센트의 작문의 결과라고 생각한다. 영감은 일반적으로 힘든 작업이다.

생 각

모든 종류의 해설과 관련된 글을 저술할 때 생기는 가장 일반적인 실수는 아마 작가의 마음 속에서 다음과 같은 질문 — '나는 무엇을 할까?' 하고 생각하는 데에서 비롯된다. 그것은 어쨌든 중요한 것이 아니지만 그래도 말하지 않을 수 없다. 가장 중요한 것은 앞으로 독자는 무엇을 읽고 싶어하는가, 독자가 즉시 이해할 수 있는 언어로 이 분야에 대해 관심을 불러일으킬 수 있거나 매력적인 용어로 간단히 무엇을 말할 수 있을까 하는 물음이다.

비문을 지으면서 어떤 친구를 내 마음 속에 정해놓고서 그 친구에게 직접 편지 쓰듯이 비문을 짓는 것이 커다란 도움이 되었음을 알게 되었다. 대중 연설을 여러 차례 할 당시에는 관객들 가운데서 선별된 몇 명의 자발적인 지지자들을 선택하여 주로 그 사람들을 향해 연설하는 것이 매우 효과적이었다(다른 해설가들도 같은 경험들을 했었다고 말함). 거만한 태도와는 정반대로 대화식으로 연설이 자연스러워졌다.

예상(像想)은 당장의 주제에 대한 사랑보다 우위를 차지하지는 못하며 게다가 사람에 대해 적극적인 흥미를 더해 준다고 말할 필요는 없는 듯하다.

원리: 열정 없이 쓰여진 것은 어느 것도 관심있게 읽지 않을 것이다.

여러분의 해설 메시지와 방문객이 조우하여 마음 속에 떠올리게 할 필요가 있다. 꼭 그렇지는 않더라도 작가는 비문이 위치할 정확한 장소를 알 필요가 있다. 다시 말해, 만일 어떤 작가가 방문객이 한가지 중요한 질문을 하게 되는 어떤 장소에—가령 죽음의 계곡의 '죽은 물'(Badwater)에서 처럼—대해 알고 있다면 큰 도움이 될 것이다.

중요한 것은 해설가로서의 질문 즉, "이 전체의 장소가 주지하는 요지는 무엇인가? 그것을 보존해야만 했던 전반적인 이유는 무엇인가?"에 대해 응답해야만 된다. 누군가 말했듯이 소위 '표시의 명인'이 그 책의 제목이 되는데 그 이유는 표시 중에 나머지 것은 각 장(章)의 제목 부분이 될 것이라고 제안했기 때문이다.

　어떤 지역에서는 그 숙련된 표시가 유일한 표시가 되겠지만 모든 지역이 이런 계획에 적합한 것은 아니다. 그 지역의 관리자는 숙련된 표시를 어디에 세울 것인지에 대해 가장 잘 알아야만 된다. 즉, 어떤 곳은 본부가 가장 좋은 곳이 될 것이고 또 다른 곳에서는 사람들이 가장 많이 모이는 곳이 가장 적당한 장소가 될 것이다. 그러나 확실하게 숙련된 해설표시나 어떤 비명은 기쁨이나 감흥을 줄 목적

캠프 화이어의 근원은 인간의 초기 시대로 거슬러간다. 그랜드 티탄 국립공원의 해설가는 소수의 야영객과 그날의 활동에 대해 논의한다.

으로 방문객과 그 목적물 사이를 절대 혼돈케 해서는 안 된다.

해설 표시가 전혀 세워지지 않은 장소도 있다. 자연적이거나 또는 인공적인 목적물 자체가 가끔씩 해설가의 말 보다 훨씬 더 잘 표현될 수도 있다. 개인적인 생각으로, 동북부 끝에 위치한 메인 주의 아카디아(Acadia) 국립공원에 있는 캐딜락(Cadillac)의 벌거숭이 정상에서는 전혀 해설을 위한 어떤 표시를 할 필요가 없을 듯싶다.

가끔씩 위대한 고사성어를 인용하여 좋은 분위기를 독자들의 마음 속으로 투영시키려고 하는 것이 우리가 현재 할 수 있는 어떤 것보다 더 효과적임을 알 수 있다. 렉싱톤 그린(Lexington Green)에 있는 둥근 통 위의 미누테-맨(Minute-Man)의 비명을 보기로 삼아보자.

Minute-Man의 시

1775년 4월 19일
공격 받지 않으면
발사하지 말라.
그러나 그들이 전쟁을
하고자 하면
여기서 시작하라.
　　　　　—파커(Parker)대위

우리가 지금 인용할 수 있는 이 말보다 더 나은 혁명전쟁의 발발 상황을 상상할 수 있을까요?

혹은 남 캐롤라이나 주의 아름다운 북그린 정원(Bookgreen Garden)에 헌팅턴(Huntington) 사람들이 세계에서 가장 큰 야외 조각 박물관을 세워서 기증했는데 여러분은 살아있는 참나무의 그늘 아래에서 성 프란시스(St. Francis)의 찬송가에서 다음과 같은 인용을 환영한다.

> 나의 주인 그대는 당신의 모든 창조물들에
> 의해 찬양 받는다. 특히 영예로운 태양은
> 낮을 만들고 그대를 통해 우리에게 비춘다.
> 그리고 그는 아름답고 아주 황홀하게 빛난다;
> 가장 높은 그대의 의미를 간직한다.

최근 훔볼트(Humboldt)의 삶을 읽으면서 두려움과 좌절의 시대에서 효과적으로 이용할 수 있었던 인용구— '적대시하는 나라들과의 마찰을 두려워하는 사람들에게 그들의 관심을 침묵으로 일관하는 식물체의 삶으로 돌리게 하고 지구는 새로운 삶으로 계속 충만하다는 것을 기억하게 하라' —를 택하게 되었다.

그 문장은 조금이나마 용기를 북돋아 준다. 만일 내가 조용하고 울창한 삼림 지대나 숲속 은신처의 한 곳에서 우연히 그것을 생각했다면 어깨를 펴고 새로운 용기를 가졌을 것이라고 확신한다. 나는 해설가로서 내 자신에게 묻는다, "내가 단지 군중 속의 한 명이라는 이유 때문에 다른 사람들이 나와 똑같은 결과를 얻을 수 없는 것일까?"

인용구에 관해서 말하자면, 인쇄하여 보존할 가치가 있는 수천가지의 좋은 인용구들을 사용해왔음에도 불구하고 인용구에 대해서 토론해야 할 필요성을 찾기란 정말로 드물다는 것을 고려해야 된다. 물론 누군가가 어떤 곤란한 상황에 처해서 좋은 표현으로 목표해결을 위해 쉬운 해결 방법으로써 인용문을 선택한다는 것도 이해가 된다.

내가 기억하는 정선된 해설표시 중의 하나는 일리노이즈(Illinois)주 쿡 군(郡)의 숲속 보존 지역에 있는 밥 맨(Bob Mann)의 것이다:

선사시대의 고요함은
북 캘리포니아 뮤어 숲의
삼나무림에 보존되어 있다.
연구는 이런 살아있는 화석에
대한 즐거운 이야기 해설을
통해 전달된다.

나는 옛날 시골길이며

지금 공식적으로는

비어 있으며 닫혀있다.

(나는 어쨌든 결코 자동차를

좋아하지 않는다)

나는 당신을 걷도록 초대한다.

사람들이 수세기 동안 걸어왔으며

나무들, 꽃들 그리고 야생 생물에게 친절했다.

그 표시는 피곤하고 쉴 곳 없이 당황해하며 지쳐있는 영혼에게 얼마나 좋은 초대 글인가! 밥(Bob)은 그 표시가 '술을 마시면서'로 작문되었다고 유머스럽게 편지를 보내왔다. 그것을 즉흥적으로 지었는지 아니면 오랜 노력을 했는지는 관심 없다. 나는 작문이 아니라 생각에 대해서 말하고 있다고 이해하고 있다. 자연과 인간에 대한 순수한 관심과 이해 그리고 인간의 필요성 이외에 다른 목적은 없을 것이다.

어떤 것을 간단하게 논평하는 글을 쓰기 전에 그에 관련된 모든 조건과 주제 그리고 인간과 그들의 한계성에 대한 깊은 성찰이 반드시 필요하다는 것을 지적하는 것이 논평하는데 도움이 될 것이다. 즉, 다음과 같이 요약할 수 있을 것이다. 당신은 자료를 사랑해야 되며 동료와 조화를 이루어야 한다. 쉽지 않지만 작문이 계속될 것이다. 냉랭한 교정과 냉담한 비평이 필요하고 함정도 많고 기운을 빼는 잘못된 시작과 기록 때문에 어려움도 있겠지만 표적의 중심을 찌르면 대단히 즐거울 것이다. 결론을 결정짓는 것은 결국 생각이다.

작 문

비석에 있는 좋은 비문을 아주 정확하게 해설할 수 있는 중요한 요소는 간결함이다. 어느 날 유명 잡지사의 편집자가 "어느 누구도 소설을 쓸 수 있다" "그러나 훌륭한 단편 소설가는 거의 없다"고 말했다. 이 말은 과장된 표현이 의도적으로 깔려있는데 왜냐하면 모든 사람들이 인정받을 만한 소설을 쓸 수 있다는 것은 아니라는 중요한 사실에 근거한 듯싶다.

박물관에서는 해설적인 수많은 자세한 표시를 보통 사람은 서서 읽을 수 있다. 자동차로 접근을 금지하는 구역은 사람이 차 속에 앉아서 해설 문구들을 읽을 수 있는 예외도 있다. 일반적으로 많은 표시가 전철에서 가죽 손잡이를 잡고 통근하는 사람처럼 서 있는 동안 많이 읽을 수 있도록 표시가 잘 되어 있지 않다. 나는 스스로 안내하면서 답사할 수 있는 블루리지 공원길[21] 산책로의 입구에서 오래 전에 보았던 수백 가지의 말로 쓰여진 가장 좋은 글—손으로 쓰여진 대문자—이 들어있는 커다란 유리 덮개로 덮여진 상자를 발견했다. 상자 속의 말들은 재치 있어 보였고 산(山) 사람들의 순박함으로 깨끗하게 개조되었다.

그것을 보고 나는 기뻤지만 방문객들은 단순하게 한 번 흘낏 보고 지나쳤다. 글들이 너무 오래 되었고 대문자로 쓰여 있었는데 표제 부분을 제외하고 독자들은 그 '대문자'에 별로 관심이 없었고 눈으로만 대충 읽었다.

물론 간결함은 비교적으로 선택되어야 한다. 어떤 상황에서는 아주 간결했던 문체가 다른 상황에서는 너무 길어질 수도 있기 때문이다. 보통 단 하루 동안에 돌아볼 수 있는 지역에서는 방문객들이 훨씬 더 긴 시간을 가지고 여유있게 여가선용을 즐길 수 있는 장소에서 보다 비문을 간단하게 해야 한다. 저자는 죽음의 계곡 공원을 방문했을 때 하루를 그곳에서 머문 후, 만일 해설 표시가 대부분의 다른 공원 지역에서 보다 그 장소의 주제가 더 바람직하다면 다소 더 길게 설명되어져야 한다고 결론을 내렸다.

세 가지의 간결함으로 목표도달이 어려워진다. 첫째는 전신(電信) 문체다. 거기에는 관사 'a'와 'the' 그리고 심지어 단어들도 생략된다. 비싸게 제작된 청동판을 본 적이 있었는데 좋지 않은 글과 나쁜 기호 때문에 망쳐버린 듯싶었다. 그렇지 않았더라면 만족했을 것이

---

21 블루리지 공원길(Blue Ridge Park Way); 버지니아주에서 노스캐롤라이나 주에 이르는 공원 일주도로.

다. 둘째는 간결하게 쓰려다가 오히려 의미 전달을 적절하게 못했다. 필요 없는 말은 피하고 길이의 범위를 정해야만 된다. 셋째의 경우는 사실은 작문에서 보다 오히려 준비 단계인 생각에서 실수를 범한다는 것이다.

해설 표시는 설명이 필요하지만 간결성 때문에 설명이 생략된다. 아리조나 주에 있는 '몬테주마 성(Montezuma Castle)'에는 이와 관련된 좋은 예가 있었다. '몬테주마(Montezuma)는 잘못 표기된 것이다'라고 쓰여 져 있었다.(선호하는 잘못 표기된 말 몬테주마는 일반적으로 사용되지 않는다). 몬테주마의 잉카(Inca)는 이 지역과 아무런 관련이 없다. 당신이 읽고 있는 글에 설명이 없다면 의미 없는 글이다. 적절한 대답은 팜플렛이나 소책자에서 찾을 수 있는 정보이기 때문에 그것을 전혀 말할 필요가 없다.

로널드 리(Lee)는 남서부에서 보았던 비문을 들려주었다.

1680년 이전에 여기에 한 건물이 세워졌다.
이 집은 광대한 인디언 폭동 때 파괴되었다.
이 집은 남아있는 것과 합쳐졌다.

위 비문은 간단해서 건물에 대해 알고 있는 내 지식을 바탕으로 하여 적절하게 판단할 뿐이다.

몇 마디 말을 첨가하여 재미있는 정신적 영상을 만들려다가 무기력해지고 오히려 흥미를 가지지 못하는 간결성의 실례가 여기 있다:

이 바위는
다니엘 웹스터가

1840년 7월 7일과 8일
휘그(Whig)집회에서 스트라톤(Stratton)에
참석한 약 15,000명에게
연설했던 장소다.

현 정당의 여론도 아니며 비문에서 크게 실수를 한 것이 없는 듯싶다. 중요한 점은 너무 자세한 표지도 쓸모가 없다. 왜냐하면 1840년 정당대회는 실제로 놀라운 사건이었기 때문이다. 다르게 표현할 수 있는지 생각해 보자. 다니엘 웹스터는 다음과 같이 연설을 시작했다. '구름 위로부터 나는 여러분에게 말한다…' 그러면 그의 개막사에는 높은 산 위에 있는 위대한 군중의 이미지를 즉시 창조할 수 있는데, 왜 다음과 같은 인용으로 시작을 하지 않았을까?

"구름 위로부터 여러분에게 말한다…"
정치가이며 연설가인 다니엘 웹스터는
1840년 7월 대통령 해리슨(Harrison)의
'티페키누(Tippecanoe)'를 위한 집회에 오기 위해
마차를 타거나 혹은 걸어왔던
15,000명에게 여기에서 말했다.

지금 사람들이 휘그가 무엇이었나를 거의 알지 못했다는 사실은 제쳐 두고 윌리암 헨리 해리슨에 대해 들어오는 동안 그 비문에는 변화가 있었다. 그 연설을 들으려고 높은 산을 애써서 올라갔던 15,000명에게는 그것이 전혀 사소한 일이 아니었을 것이고 그들은 당시 자신들의 당을 열렬히 지지했을 것이다.

표시에서 변화를 주는 요소가 어디에 있다 할지라도 대부분 효과가 있다하겠다. 여기 뉴 햄프셔주에 있는 프랑코니아 노치(Franconia Notch) 보호구역을 보기로 들겠다:

> 분지,
> 수많은 세월동안
> 화강암 시내 바닥의 함몰지역에서
> 앞으로 나아가며 *빙빙 도는*
> 물의 압력을 받아 *돌며 회전하는*
> 커다란 바위의 운동으로 단지 모양의 구멍이 생겼다.

위의 이탤릭체의 글은 물론 임의로 썼는데 어떻게 구멍이 형성되었는지를 여실히 묘사하는 적절한 단어들이다. 이런 목적을 위해 4개의 단어를 이탤릭체로 썼으며 전혀 과장은 아니라고 생각한다.

그림에도 변화를 나타낼 수 있다. 예를 들면, 디바이드(Divide, 미국 콜로라도 주 중부의 지명)에 있는 유태 길(Ute Pass, 아메리카 원주민)을 통하는 미국 24번 고속도로에 다음과 같은 표시가 있다:

'저쪽에 크리플 크릭(Cripple Creek, 미국 콜로라도 주 중부의 도시)이 있다.' 당나귀를 모는 광부가 그 아래 있으며 그 보다 더 아래에는 '세계에서 가장 큰 금광굴' 이라고 쓰여 져 있는데 그 그림은 운동감을 느끼게 한다.

유 머

비명을 쓸 때 가장 까다롭고 다루기 힘든 일 중의 하나가 유머다. 먼저, 우리 모두는 유머를 사용함에 신중해야 함은 물론 기교가 있어야 되며 또 적절하게 사용해야만 된다는 것에 동의 할 수 있다. 부적절한 유머는 무용지물이다. 사물과 분위기와 조화를 이루는 유머는 대부분의 사람들에게 매력적이다.

유머란 무엇인가? 태커레이(Thackeray)는 '사랑과 위트의 결합'이라고 생각했다. 위트 자체는 종종 신랄하고 매정하다. 특히 어법의 전환이나 마음에 떠오르는 기발한 생각에 대한 유머는 만족할 만한 웃음을 가져온다. 맨(Mann)의 시골 도로의 오래된 해설 표시의 한 행(行)에서 볼 수 있는 '나는 어쨌든 자동차를 전혀 좋아하지 않는다'라는 유머가 반짝인다. 맨은 옛 시골길에서 자신의 마음을 표현했으며 개성을 불어넣었다.

몬타나(Montana)주의 고속도로를 운전하는 많은 사람들을 즐겁게 해주는 표지판에는 진정한 유머에 대한 여러 가지 특성이 있다. 이런 표지판들은 비문(碑文)과 구별시키고 국가적인 화제를 불러일으킨다. 옛날에 이런 표지판 중의 하나에 '넓은 길을 가려면 말(馬)을 타시오'. 그리고 "어떤 사람들은 말이 아직도 남아 있기를 바란다"라고 쓰여 있었다.

여기 우리 모두에게 향수를 느끼도록 호소하는 다음과 같은 훌륭한 문구가 있다. 기계적으로 설계된 고속도로에서 곤란에 빠졌을 때, 우리 모두는 수 십분 가량 비포장도로의 한적한 곳에서 진흙파이를 만들고 황소처럼 소리를 지르고 노는 어린이들처럼 소리를 지른다.

에머슨은 수필집 「교양」에서 '수사'나, 비유나 확장된 의미 혹은 어떤 유머를 결코 이해하지 못하는 사람이 있다고 다음과 같이 언급했었다. 70년 동안 음악과 시 그리고 시사적인 위트를 들은 후에도 여전히 유머를 이해하지 못하고 직역주의자로 남아 있는 사람들이 있다. 그들은 과거에 외과 의사나 성직자를 도와주었던 사람이다"라고 말했다.

에머슨을 학식 있는 철학자로 생각하겠지만 흥미 있는 말을 기대할 수는 없었다. 그 이유는 에머슨이 흥미 있는 것을 말하지 않았기 때문이다. 만일 눈썹을 내리깔고 확실한 자부심을 가지고 있는 창백한 학자에 대한 글보다 마음 속으로부터 여러분을 기쁘게 해주는 섬세한 유머가 더 많이 있다면, 여러분이 '상상의 정당성'을 얻기 위해 정원으로 가서 '민들레에게 속았다'라고 생각해 잡초의 뿌리까지 뽑아버린다면 나는 민들레를 어디에서도 발견할 수 없다는 것을 안다(수필집 「富」에서).

일반적으로 비명은 경쾌하게 쓰되 경솔하게 써서는 안 된다. 여러분의 마음 속에서 이를 명쾌하게 구별해야 된다. 그러면 이른바 시시한 속어로부터 벗어날 수 있다. 그것은 구름 속에서 햇빛을 비추게 하는 가벼운 접촉이다. 캐나다 퀘백 주에서 몬트캄(Montcalm)과 올페(Wolfe)를 기리는 기념비 위에 있는 비문을 보기로 제시한다. '용감하

가끔 지하 세계는 우리에게는 다른 세계인 듯하다. 팀파노고스 동굴 국립유적지에서 해설가는 방문객이 자연과 친숙하지 않은 부분에 도전하도록 도와준다.

게 싸운 결과 그들은 장렬하게 전사했으며 역사는 그들에게 평범한 명예를 주었으며 후손들은 그들에게 일반적인 기념비를 세워 공을 기려주었다'.

여기에 고상하게 접근된 고결한 주제가 있다. 그러나 솜씨 없이 애처롭게 처리된 많은 것과는 달리 그 주제에는 우연히 프랑스어(번역된 인용) 특성의 일부분이 된 가벼운 접촉이 있다. 이 전체라는 주제가 어려운 것임을 인정하는데 그것은 여러분이 느끼거나 혹은 느끼지 못하는 언어에 대한 것들 중의 하나이다. 만일 여러분이 비문을 준비하는데 있어서 대충과 신중함 사이의 관계와 차이의 애매함을 모른다면 아직도 비문을 쓸 준비가 된 것이 아니다.

사막의 어떤 지점에 있던 다음의 비명을 제시하고자 한다. 그곳에서 환영하는 레마다(Remada)를 사막 식물들이 에워싸고 있다. 여기에 가장 가벼운 유머에 대한 정당한 이유는 없다. 우리는 이야기를 나누고 주의를 주고 싶었는데 표현만큼은 가벼웠다.

> 사막은 자비보다 정의에 더 복종하는 신중한 어머니이다.
> 생존의 세대를 통해서 당신 주변의 식물들은
> 자신들을 타는 듯 한 열과 가뭄과 죽음으로부터 방어하는
> 수단을 발견했다. 여러 가지 방법을 주목해보라!
> 여러분 역시 그곳에서 안전하길 바란다면 사막의 지혜를
> 배워야만 한다.

여러분이 유머에 열중하지 않고 가볍게 접근하면 비로소 유머스럽게 쓸 수 있을 것이다. 가볍게 설명하면 문제는 쉽게 해결된다.

9장
과거를 현재로

역사가 인간의 삶에 크게 공헌했음을 언제나 경구로 생각한다. 어떤 면에서는 철학보다
더 효과적이기 때문이다. 사실 철학은 인간을 말로 가르치지만 역사는 예를 들어 전율을
느끼게 하고 과거의 시간이나 사물과 연관을 짓도록 한다.   —가센디 페어섹의 삶에서

　　어떤 야생 동·식물 보존 구역들이 비록 역사와 밀접하게 관계있다
할지라도 이 장(章)에서는 국립공원의 체계와 공적(公的) 또는 사적(私
的)으로 소유·관리되는 다른 많은 성지의 선사적이며 역사적인 장소
에 주로 관심을 가지고 논의할 것이다. 해설가는 과거로 거슬러 올라
가서 방문객과 옛날의 그런 장소에서 기억할 만한 사람과 사건 사이
의 중요한 관계를 확립하려고 노력한다.

　　초기의 공원에 관해서 다음과 같은 많은 것들을 언급할 수 있다. 선
구자의 경험을 모방하려는 사람들이 사실은 대부분 역경과 위험이
없는 소극적 참여라 할지라도 훼손되지 않은 자연을 충분히 감상하
기 위해 공원을 방문하는 수백만 명의 관광객임을 알 수 있다. 확실
히 야영객이 그저 하이킹하는 사람보다 선구자의 모험을 훨씬 더 많
이 모방한다.

　　사람들이 많이 모이는 곳을 떠나서 후미진 산골로 자진해서 들어가
는 야영객 만이 진정한 참가를 할 수 있으며 이후 '참가' 라는 말로 접

근한다. 넓은 황야에서 자유로운 기쁨을 맛볼 수 있는 용기와 자신감을 가지고 있는 사람은 산악인이나 프랑스 항해사들이 그랬듯이 집을 떠나서 생활할 수밖에 없었다 하더라도 초기 개척자들이 겪었던 혹독함을 통렬하게 느끼고 다시 집으로 돌아오곤 한다.

우리가 인간의 활동으로 유명해지고 가치 있는 장소를 방문한다면, 용기와 자기희생, 불굴의 애국주의, 정치적 수완과 창조적 천재성, 관례들, 농업 또는 이상을 쫓아 알려지지 않는 골짜기로 들어가는 사람들이 도중에 무장한 사람들과 투쟁한 것에 대한 이야기들을 전해 들을 수 있을 것이다. 이 모든 것들은 아주 색다른 경험을 하게 해준다.

이런 장소들은 대부분 자연적으로 매우 아름답고 그런 아름다운 장소에 있거나 반대로 황폐한 환경에서 미숙하게 정돈된 통나무집에 있건 간에 그 장소는 같은 의미 즉, 아마도 가장 정교한 취미를 가진 최고의 장인 정신을 느낄 수 있으며 사람의 삶과 행동을 가리킨다. 결과적으로, 해설가는 '사람에게' 역사적인 집을 보여주려고 노력한다. 건축과 가구가 많이 있으며 우리는 그것으로부터 감탄하며 결론을 내리겠지만 사람들이 그 집에서 떠날 순간부터 빈집들이 황폐하게 보이지 않도록 하기 위해 예술을 발견해야만 했다.

선사시대의 유적지는 방문객에게 고대인이 살던 그 장소에서 바로 오늘밤에 고대인이 다시 나타나서 소유물을 새롭게 하고 옥수수를 찢거나 아이들이 울고 또는 사랑하고 유희를 즐기는 것을 재현하듯 해설해야 된다는 의지를 제시해야만 한다. 이것을 사실 그대로 받아들여서는 안 되며 그 대신에 가능한 한 감정을 많이 반영시키려고 노력해야 한다. 동족상잔의 전쟁터는 전략과 전술지 만이 아니며, 장기판 위의 장기처럼 군대가 이쪽 길과 저쪽 길로 옮겨 다녔던 장소도 아니며, 단순히 다른 결정을 했을 때 이끌려 결정했던 장소도 아니다.

아일 로열 국립공원에서 야생
무스 암컷을 어떻게 하면
조용히 관찰할지 안내하고
있다.

　그것은 인간의 생각과 행동과 이상과 추
억의 장소이며 내일 저녁에 죽을 지도 모르
는 인간이 농담할 수 있거나 노래 부를 수 있는 장소 즉, 군대의 장소
가 아닌 인간의 장소인 것이다. 왜냐 하면 미국인은 군인의 후손이
아니고 인간에게서 인간의 후손으로 태어났기 때문이다.
　만일 여러분이 메사추세츠 주 퀸시(Quincy)에 있는 아름답고 매력
적인 아담스(Adams)의 집을 방문한다면 가장 이상한 집단의 사람 즉,
몰락한 개인주의자 중의 몇 세대들이 살았다는 것을 알게 될 것이다.
만일 다른 사람이 살았었다면 지식인과 덜 극적인 사람 그리고 국교
비신봉자였을 것이다. 또 다른 몰락한 개인주의자 '오레곤 영토의 아

버지' 맥로린(McLoughlin)의 집이 오레곤(Oregon) 주에 있다. 그러나 아담스의 집과는 상당히 다르지 않은가! 하이드 파크에 벤더빌트(Vanderbilt)와 루즈벨트의 집이 있는데 이 집은 각기 우리 역사의 삶의 방식을 날카롭게 그렸다.

인간사와 관련 있던 곳은 어느 곳이나 무엇이었든지 해설의 목적이 남아있다. 즉, 방문객의 이해와 관심은 집이나 유적지나 격전지를 단순히 보여주는 것이 아니라 살아 있는 사람들의 집과, 실제 선사시대 사람의 유적지 등 말하자면, 제복의 군인들이 있는 전투장으로 이끄는 것이다. 그림 속에서 패배한 한 동맹 단원들이 불쌍한 누더기 옷을 입고 서있는 모습을 보고 전율한 적이 있다. 그 단원은 길가의 낮은 언덕 위에 서있는 장교 주변에 흩어져서 그래도 군인의 자존심으로 용감히 경례하고 있었다. 그들 가운데 완전한 제복을 입은 동맹 단원은 거의 없었다. 나는 "이것이야 말로 전쟁이었구나"라고 중얼거렸다.

이에 대해 더 이상 자세히 말하지 않겠다. 분별 있는 모든 해설가는 진정한 해설이 무엇인지 안다. 즉, 과거를 재창조하며 그것과의 유대 관계 즉, 중요한 문제는 이런 바람직한 목표를 어떻게 성취하느냐에 달려 있기 때문이다. 그것은 결코 쉽지 않다. 탐방객을 사물과 친숙하게 하는 방법에는 수백 가지의 실제적인 어려움이 있다. 사물들은 종종 깨어지기 쉽고 많은 구조물들과 대체될 수 없는 보물은 무분별한 접촉을 견디지 못하기 때문에 파괴될까 염려된다.

어느 세대도 관리 면에서 이 많은 귀중한 자원들을 영구히 계속 보존할 수 없을 것이다. 왜냐하면 한 지역에서는 관대하게 다루거나 권장되어 질 수 있는 부분이 다른 곳에서는 전혀 불가능하기 때문이다. 그래서 해설적인 노력으로 방문객을 자극하기 위해서 지역적 상황이

허락되는 한 과거를 현재로 가져오는 방법과 수단을 계속 고려해야한다. 해설 분야에서 빈번하게 토론된 두 가지 방법은 실연과 참여다. 그 다음으로 세 번째 즉, 생기도 첨가할 수 있다.

실 연

메리암 박사(Merriam)는 간단한 실연(實演)으로 모든 문제를 한 번에 해결하려 했을 때, 이론과 설명에 의존했던 중세기의 특징적인 보기를 대단히 흥미롭게 인용했다. 과학자들이 자연과 말(馬)의 이빨에 대해서 활발히 토론했다. 과학자는 이 토론을 위해 문학을 인용했으며 관련 있는 관계 당국자를 초청했는데, 누군가가 급하게 과학자들이 밖으로 나가서 직접 말을 구해 와야 한다고 제안하는 바람에 토론이 별 다른 효과를 보지 못했고 의견만 분분했을 뿐이었다.

이 토론에서 실연이란 '말을 몰고 오는' 행위다. 예를 들면, 여러분은 물레방아가 물의 흐름에 의해 조절되는 바퀴가 회전하면서 돌 사이에서 밀가루나 곡식을 빻는다는 과정에 대해 끝없이 말하거나 글을 쓸 것이다. 그러나 그 설명 만으로는 여전히 실제로 물레방아에 무슨 일이 발생했는지를 잘 이해하지 못할 것이다.

블루 리지 공원길(Blue Ridge Parkway)에 있는 마비(Mabry)의 물레방앗간이나, 워싱톤에 있는 락 크릭 공원(Rock Creek)이나 인디아나주의 스프링 밀(Spring Mill) 주립공원에서 직접 물레방아의 작동과정을 본 후, 저자는 만족스럽게 호기심을 풀 수 있었다. 많은 나라가 산업혁명과 기술의 발전으로 도시화되어서 지금은 젖소의 젖을 짜는 모습을 전혀 본 적 없는 수백만 명의 어른이나 어린이들이 있다는 것을 기억해야 한다.

미국의 어느 철강회사는 미국에서 최초로 성공했던 제철소를 가장 충실히 모방하여 원래 있던 자리에 재건축했다. 매사추세츠에 있는 방문객들은 소거스(Saugus)강에 일정한 간격을 두고서(왜냐하면 물을 절제하여 사용해야 되기 때문) 실제적인 장비와 구조뿐 아니라 회전하면서 분쇄기로 자르는 공장의 기계의 움직임을 자세히 볼 수 있다. 쿠퍼스타운에 있는 농업 박물관에서 수천 명의 관심 있는 방문객은 아마를 깨뜨려서 기름을 짜거나 양초를 제조하는 옛 방식의 과정을 볼 수 있는데, 이 과정에서 더욱 인상적인 것은 실연(實演)을 하기 위해 땅을 각각의 적은 구획으로 나누어서 아마 식물의 성장을 가까이에서 직접 관찰할 수 있도록 보여주는 것이다.

방문객은 세인트 오거스틴(St. Augustine)의 산 마르코스(San Marcos) 성루(城樓)에 올라서서 몇 개의 옛날 대포가 항구를 향해 아무렇게나 겨냥된 채 지붕 위에 놓여있음을 본다. 그 상황에서 무엇인가 확실히 빠져있다. 대포의 현 위치가 후방을 향해 놓여 진 것은 전혀 사용될 수 없다는 것을 설명해 주어야 한다. 지난 번에 스페인 요새를 방문했을 때, 그 공원 관리소장은 실제 대포의 조작법을 보여 주기위해 필요한 장치를 갖춰서 마차 위에 몇 문의 대포를 올리기 위한 기금을 마련하려고 애쓰고 있었다. 설명이 곁들인 실연으로 실제 발포의 순간까지 전체적인 절차 과정을 보여줄 수 있었다.

다시 여기에, 산 마르코스 성에서 어떻게 실연이 참여로 바뀌고 두 요소를 동시에 함께 얻을 수 있었는지에 관한 자극적인 보기가 있다. 여러 해 동안 그 성채에서 일한 해설가는 성내를 해설하는 도중 항상 방문객과 함께 성 안의 한 창고 문 앞에서 멈춰 섰다. 그 문은 초기 스페인 시대에는 튼튼한 3중 잠금법으로 꽤 안전했던 문이었다.

해설가는 어떻게 그 자물쇠로 안전하게 잠글 수 있는지를 방문객에게 정확하게 보여줌으로써 방문객을 흥미 있게 유도한다. 어느 날 한 가지 실연이 있었는데 해설가가 그 자물쇠의 잠금법에 대한 실연을 보여주고 난 후, "이리 오셔서 이것을 당신이 한 번 직접 해보지요"라고 그룹 가운데에서 한 명을 초대했다. 그 효과는 분명히 고무적이었다. 단 한 사람 만이 참여에 적극적이었다 하더라도 나머지 사람은 그 잠금법의 실연을 보여주는 과정에서 그들도 약간 도움이 되었다고 느꼈다.

이런 예기치 않았던 간단한 보기의 부산물들을 그 해설가 중 한 명이 저자에게 말했다. "창고 문 앞에서 행해졌던 실연은 내가 안내하는 방문객과 나머지 방문객들을 해설가인 자신에게 더 가까이 다가오도록 하였다"고 말했다.

지금까지 보았던 예시 중에서 가장 인상 깊었던 것은 아리조나 주 피닉스에 있는 사막 박물관에서였다. 뜨거운 여름날 끔찍한 탈수 상태를 식물이 견딜 수 있는 특별한 방법은 말로 잘 설명되기도 하고 문헌에서 친밀하게 다루고 있다. 수아로(Saguaro) 선인장을 예시로 선택함으로써 해설 분야에서 뛰어난 전문가는 살아 있는 식물의 뿌리 체계를 부분적으로 노출시켰다.

그들은 어떻게 식물이 공기 중의 타는 듯한 열에서 적당한 온도를 계속 유지할 수 있는지 보여주기 위해 온도계를 고정시켰는데 이 과정은 매우 효과적인 실연(實演)이었다.

실연은 아주 특별한 기회인 반면 그와 비슷한 경우를 우리가 원시적인 장소에서 발견할 수 있을 거라고는 전혀 생각하지 않는다.

전에 텍사스 주의 빅 밴드 국립공원에서, 나트 다지(Natt Dodge)에게 레추귈라(lechuguilla, 야생 양상추) 식물 숲속에 있는 한 멕시코 일꾼의 모습을 찍게 해달라고 요청했었다. 그 일꾼은 원주민들이 여러 세기 동안 바로 이 레추귈라 식물로 짠 가방을 어깨에 메고 있었다.

옐로우스톤에서의 해설가와 함께 걷기.

원시인 뿐 아니라 선구자들이 사용해야만 했던 물건들을 재현하려고 주변에서 발견하고 찾았던 것들을 어떻게 사용했느냐에 대한 실연은 해설에 대한 우리의 효과적인 노력에 달려있다고 하겠다. 실제로 레추귈라의 공정에 대한 실연은 물론 훨씬 좋았으나 재정적인 어려움 때문에 어쩔 수 없이 놓쳐 버린 다른 많은 기회들처럼 그것도 마찬가지였다.

여기서부터는 해설 프로그램을 수행하는 기관 단체나 국립공원청의 지역에서 실제로 행해졌던 훌륭한 많은 실연을 보기로 하겠다. 저자의 주장은 어떤 장소에서는 실연이 충분하지 않겠지만 실연이 가능한 부분을 결코 지나쳐서는 안된다는 것이다. 지역적인 특색 때문에 실연을 종종 방해했던 것 같다. 과거에는 자금과 인원이 부족하여

브라이스 캐년 국립공원의 전망대.

이런 성과 있는 교육적인 장치의 바람직한 발전을 막아왔다는 사실을 덧붙여야 된다. 만일 가능성을 상상에 맡기며 너무 신중하게 평가한다면 여러 지역에서 많은 실연을 거의 수행 할 수 없을 것이라 확신한다.

마지막으로, 해설에 종사하는 모든 사람들은 '실연' 이라는 말과 그 의미를 쉽게 이해할 수 있어야 한다. 우리가 일상적으로 사용하는 상대어 '참여' 를 많이 이야기할 수 있다면 좋을 것이다.

참 여

'해설' 자체라는 말처럼 적절히 잘 수용된 개념이 필요한 해설에 타당한 또 다른 용어가 여기에 있다. 합리적으로 말하자면 해설가들은 '참여(參與)' 자체의 가치를 부여하는 아주 중요한 용어의 장점에 대해서 솔직히 동의하지 않을 것임이 명백하기 때문이다. '참여'라는 단어가 의미하는 것에 우리 모두가 솔직하게 동의할 수 있는 것은 자연과 인간사의 과거에 대한 회고의 느낌 그리고 그것에 대한 방문객의 감각을 살려주는 것이 가장 중요하기 때문이다. 용어의 개념에 대해 논쟁하자는 의도가 아니라 어떤 단어를 사용할 때 조용히 보편적으로 받아들여야 된다는 것이다.

사전이 크게 도움이 되지는 않을 것이다. 참여는 해설적인 활동으로 특별한 의미를 부여하는 단어와는 또 다른 단어로 도움이 될 유일한 방법은 모두가 의견을 일치시켜 참여로 인정해야 되는 것에서부터 논의할 예문의 보기까지를 토론하는 것이다. 그리고 더 이상 그 단어의 의미가 중요하지 않다고 느끼게 될 예문까지 포함한다.

해설의 영역에서 참여는 기본적이고 자연스러워야 한다. 여러분이 해설을 완전히 정신적인 범주로 볼 때, 참여는 단어 자체의 의미 만을 가지지 않고 참여는 실제적인 행동이며 참가자 자신에게 새롭고 중요하고 특별한 것이 되어야만 된다.

즉석 푸딩과 대구 알을 먹었다고 해서 보스턴 지방민의 삶에 참여했다라고 생각하는 사람을 믿지 않는 반면, 마터 씨가 국립 수도공원(National Capital Park)에 있는 오래된 C와 O(Chesapeake & Ohio) 운하에서 유람선을 탔을 때, 오래 전에 흘러 가버린 옛 시절로 되돌아가는 특이한 기쁨을 느낄 거라고 확신한다.

그는 노새가 동아줄을 잡아당기는 것을 보며 수문을 통과하면서 자신을 컴버랜드(Cumberland)로 가는 여행자로 상상할 수 있으며 여유로우며 쉴 수 있는 장소의 갑판 위에서는 이웃들에게 인사를 한다.

반면에, 몇 년 전에 C & O 운하 주변을 걸었던 대법원 재판관이 선두가 된 어떤 그룹의 행동은 참가라고 말할 수 없다. 운하는 세상을 놀라게 하는 묘안이었으며 낮에는 일상 운송수단이었으며 도보자들은 노새의 모피를 사고파는 상인들뿐이었다.

내 견해로는, 윌리엄스버그(Williamsburg)에서 관광 마차를 탄 것은 참여라는 말과 잘 어울린다 하겠다. 그러나 락펠러씨의 아들 (Rockefeller, Jr)이 오염되지 않은 자연경관을 감상할 수 있는 풍부한 기회가 있는 마차 시대의 맛과 아름다운 시골길에서 마차를 모는 기쁨을 유유히 감상할 수 있도록 마차 길을 만들었을 때, 그의 훌륭한 상상력으로 계획된 아카디아(Acadia) 국립공원에서의 마차 타기는 진정한 의미의 참여는 전혀 아니었다. 아뿔싸, 그 계획이 실행되기 전에 말이 거의 멸종됐고 사육 값은 너무 비싸게 들었다.

방문객이 아리조나 주의 몬테주마 성의 절벽 거주지로 사다리를 타고 직접 올라갈 수 있었던 당시에 방문객의 빈번한 방문으로 허름한 유적지가 더 이상 견딜 수 없었을 때, 의미없이 사다리를 타고 올라가는 것보다 어느 누구도 수준 높은 진정한 참여와 생생한 경험을 이용해야 한다고 제안하지 않았다.

그러나 오레곤으로 이민 갔었던 초기 서부 개척자들이 지나갔던 바퀴 자국이 남아있는 옛 도로는 아직도 사용이 가능하며, 나체즈 트레이스(Natchez Trace) 파크웨이(Parkway)의 발자국이 있는 여러 갈래로 분기된 수많은 개척자가 지나갔던 길도 현재까지도 사용이 가능하다.

미네소타 주에 있는 파이프스톤 국립 기념관(Pipestone National Monument)에서 여러 세기 동안 인디언들이 담뱃대를 만들 때 사용했던 것과 똑같은 캐틀리나이트(catlinite)의 파이프를 얻을 수 있다고 상상한다. 그 담뱃대는 여전히 풍부하게 자라고 있는 '키니키니크(Kinnikinnick)'나 말채나무의 속껍질로 가득 채울 수 있다. 그래서 옛

밤의 캠프파이어 프로그램은
브라이스 캐년 국립공원의
특징에 대해 낮에 실시했던
해설 프로그램의 지질 및
생태학적 배경을 볼 수 있는
멋진 기회다.

인디언들 방식의 담배를 피워보고 싶은 호
기심이 있는 관광객에게 진정한 참여를 위
해서 같은 물건을 제공하고 있다.

언젠가 죽음의 계곡 국립기념관(Death Valley National Monument)에
서 1849에 팠던 유명한 우물 베네트 아케인 파티(Bennett-Arcane
Party)를 보고 있었다. 한 가족이 그곳에 자동차로 도착했는데 가족
중 열다섯 살 정도 되는 소녀가 주석 컵을 가지고 우물로 왔다. 그 소
녀는 가능한 한 허리를 많이 굽히고서 물을 조금 떠서 맛있게 마셨
다. 비록 그 소녀는 자신의 행동을 참여라고 말하지는 않았지만, 그
녀의 입장에서는 세심한 참여의 행위라는 인상을 받았고 나는 어쨌
든 그 소녀의 행동을 또 그렇게 생각했다.

해설에서 제공되었던 참여와 어떤 밀접한 관련이 있어서가 아니라, 그 참여라는 의미의 여러 가지 미묘한 차이와 타당성을 결정지을 수 있는 진정한 참여의 정점이 중요한 것 같아서 여기에 시사 과학 잡지에 나타난 하나의 보기를 예로 들었다. 나무를 벌목하는 돌도끼를 이용한 방법이었는데 원시적 방법으로 돌도끼를 이용하고 화재와 화재가 난 장소에 어린 묘목을 심는 것(농업의 원시적 실습)에 관심이 있는 두 명의 덴마크 고고학자가 잘 고안된 이 실험에 몰두했었다.

그들은 늪에서 건져진 유사 이전의 오래된 기물(器物)을 사용해서 실제로 커다란 나무를 베어서 깨끗하게 불태운 뒤 그곳에 다시 나무를 심었다. 그들은 정확히 어떻게 나무를 자르는지에 대해서 알고 있었다. 왜냐 하면, 우리가 철 도구를 사용하듯이 그들은 자유로이 돌도끼를 휘둘렀으며 나무를 쪼개거나 혹은 세게 힘을 가해서 더욱 잘게 잘랐음을 알았다.

또한 짧게 쪼아서 부서뜨리는 것은 효과적이었고 연장을 상하게 하지도 않았다. 만일 이런 실험을 한층 더 자세히 묘사하지 않았더라면, 그것은 처음부터 끝까지 그저 평범한 고전적인 참여였을 뿐이라고 생각한다(만일 여러분이 고고학자들이 일하는 현장에서 그들을 보아 왔었다면 하나의 좋은 실연이 되었을 것이다).

고고학적 장소를 찾는 탐방객이 손수 한줌의 옥수수 알갱이를 맷돌로 빻아서 식사를 준비한다면 그들은 확실히 이 실연에 참여하게 되는 행위로 방문객에게 이 기회가 일반적으로 주어지는 것을 보고 싶다. 멕시코 인들은 일상생활에 사용할 목적으로 현재 많은 양의 맷돌을 만들기 때문에, 반드시 고기물(古器物)을 사용할 필요는 없을 것이다. 그러나 이런 고기물들이 미국 남서부 전 지역에 아주 풍부하므로 공급되는 것들을 모두 다 사용하기까지는 몇 세기가 걸릴 것이다.

대체로 참여를 통해 방문객들을 과거로 여행할 수 있도록 하는 것은 결코 우리가 원하는 것만큼 기회가 충분하지는 않을 것이다. 진정 중요한 것은 참여나 실연은 해설의 아주 중요한 요소이므로 부지런히 그 가능성을 찾아서 참여나 실연을 포함하는 기회를 결코 빠뜨려서는 안 될 것이다.

그러나 거기에 실연이나 참여도 결코 아닌 또 다른 해설의 효과적인 수단이 있는데 바로 그것은 생기(生氣)다.

생 기

'생기(生氣)'라는 단어가 별로 마음에 들지 않는다면 그것을 '지역적 특색' 혹은 '분위기'로 부르고 싶어 할 것이다. 생기를 준다는 것은 삶을 주는 것 즉, 활기를 띠게 하는 것이기 때문에 생기라는 단어가 사물을 활기 있게 묘사했으면 좋겠다. 다시 말해, 만일 생기라는 단어의 뜻이 어떤 활동을 하고 있으며 무엇을 할 수 있을까에 동의한다면 그 단어의 정의는 그렇게 중요하지 않다.

어느 여름날 오후 나는 워싱턴으로부터 포타믹 강을 가로질러 커스티스-리 집의 '앨링턴 하우스(Arlington House)'에 갔었다. 그 집에 들어섰을 때, 누군가가 피아노를 치고 있었는데 너무 자연스러워서 커스티스(Custis) 씨 가족이나 리(Lee) 씨 가족이 살았던 역사적인 그 집에서 누군가가 실제로 피아노를 치고 있는 듯했다. 그 후로도 그 유명한 집에 여러 번 방문했으며 찾을 때 마다 느꼈지만 모든 것이 아름답게 보존되어 있어서 한없이 기뻤다.

진실로 그 보존된 물건들이 냉담하게 느껴지기를 바라지 않았고 과거의 다른 많은 귀중한 유적처럼 그 집에 있는 보물도 잘 보존되어야 할 것이다. 그 방에 있는 대부분의 보물들을 복도에서만 바라볼 수 있는데 그것은 우리가 보존을 위해 감수해야 한다고 생각한다.

그때 저자는 그 집에 저자와 같은 평범한 방문객이 아니라 바로 그 상황에서 가장 잘 어울렸던 사람 즉, 그것이 집이었기에 그곳을 사랑했었던 사람이 살았다고 느꼈다. 1860년대 복장을 하고 있던 한 매력적인 소녀가 응접실에서 그 당시에 유명했었던 바로 그 가락을 연주하고 있었다.

소녀는 그 악기를 연주하는 커스티스 메리(Custis Mary) 양의 이웃집 소녀일 수도 있었을 것이고 악기는 바로 그 시절에 사용했었던 악기였을 수도 있다. 그 음악에 대해 눈에 거슬리는 것이라고는 하나도 없었다. 나는 대부분의 방문객들이 소녀의 음악연주—완벽한 조화를 이루었으며 재창조의 부분으로서 받아들여졌던 확실한 표시—에 대해 무관심했던 것에 주목했다.

앨링턴 하우스에서 '성 페트릭의 날(St. Patrick's Day) 축하' 행사가 있었다. 지금은 그 축하가 조화롭지 못하다고 누군가가 말할지도 모르겠지만 만일 그들이 그렇게 말했다면, 그들은 조지 워싱톤 파크 커스티스가 그 당시에 쟁점이 된 정치적 질문 즉, 아일랜드의 자유의 명분에 대해 공감 했던 것으로 유명했다는 사실을 모른 것이다.

그는 '신생국 아일랜드'에게 송시를 썼으며 그 주제에 대해 많은 연설을 했으며 뜨거운 정열로 열렬한 논쟁을 펼쳤다. 그 사실이 조화를 이루었으며 이 축하는 그 저택에 있는 사람이 전반적으로 그 자택을 이해하는데 도움이 되었으며 생기를 띠게 했다.

나는 방문객에게 과거를 현재로 조명하기 위한 목적으로 식민지풍의 윌리암스버그에서 잘 계획되었고 시행되었던 해설의 방법을 생기 있게 적절히 서술할 수 있다고 믿는다. 설령 우리가 그렇게 부르기를 원하거나 혹은 원치 않든 간에 그러한 해설에 대한 효과적인 기회가 우리 활동 가운데 있음을 알아야 한다.

우리 조상으로부터 물려받은 유산의 지속적인 이해는 우리의 미래에도 중요하다. 그리고 이러한 지식은 과거를 실제로 살아 존재하는 것처럼 얻는다. 거기에는 힘이 있다. 네브라스카 주 서부와 와이오밍 주에 있는 옛 오레곤 트레일을 하이킹 했을 때, 참여의 기쁨에 대해 로널드 리(Ronald Lee)와 하루 종일 이야기했었던 것이 기억난다.

"그러나 그것은 하루 이상의 이야기였다"고 한 로니(Ronnie)가 자신을 서부 사람이라고 말했다. '그것은 서부가 우리 전체의 일부분이며 일반적인 유산을 우리가 공유하고 있다는 예리한 사실이다'. 그 진술은 우리가 그 속에 속해있다는 것 만으로도 가슴 설레도록 했다.

내가 좋아하는 책들 중 한 권이 존 메리암(J. Merriam)의 「살아 있는 과거(The Living past)」라는 책이다. *제목 자체가 우리에게 해설적인 것이다.

*80페이지의 첼리 협곡(Canyon de Chelly)의 메리암 박사가 기술한 경험은 내가 생기에 대해 의미하는 것 이상의 보기인 것 같다.

10장
지나치면 아무 것도

우리는 지나친 소음으로 귀가 멀고,
지나친 불빛으로 눈이 부시지만,
지나치게 멀거나 가까우면 볼 수가 없다.
대화가 너무 길거나 간단하면 그 뜻을 알기가 어렵고,
너무 많은 진실 때문에 당황할 뿐이다.

—파스칼

'지나치면 아무 것도'라는 말은 몇 명의 그리스 '현인'들의 말에서 유래한다. 그러나 사실은 그보다 훨씬 더 오래 되었다. 아마 원시인이 아주 큰 고기 덩어리를 먹으려고 애썼을 때 생겼을 것이다.

나는 여러 해 전에 지붕에 필요한 나무 널빤지를 구하면서 건전한 교훈을 얻었다. 그 일을 하려고 오랫동안의 경험으로 아주 솜씨 좋은 이웃집의 목수를 고용했는데, 내가 직접 그 지붕 널빤지를 연결하는 모습을 그가 보았다. 경험 많은 그 사람은 잠시 나를 바라본 후 "내가 충고하나 할까요? 당신의 방식은 오히려 널빤지를 쪼갤 뿐이요. 못으로 그것을 결코 연결할 수 없어요"라고 말했다.

저자가 우리의 보존 구역들—그곳이 공원이거나 박물관이거나 혹은 역사적인 집이건 간에—을 방문해서 해설을 들었거나 해설 문구를 읽을 때마다 가끔씩 그 평범한 말을 기억하곤 한다. 다른 방법을 찾지 못해서 중요한 것을 깨뜨리면서도 그 못으로 '마지막 접속'을

해설에 대한 저자의 원칙 중 하나는 해설은 '정보에 기반을 둔 사실의 표출'이다. 그레이트 스모키 산 국립공원 탐방객 센터 안내 데스크

하는 보기들이 많이 있다.

이것을 묘사한 끝없이 많은 표현이 있다. 낙타를 넘어뜨리는 마지막 20개의 사진들과 매우 칭찬할 만한 열정으로 부풀어 있는 진실한 화자의 '마지막 한 가지 생각' 그리고 '우리가 배제할 수 없는' 인간적인 생각에 반응하는 박물관 — 이 모든 지나침들은 훌륭한 의도에서 생겨난다. 해설가는 자신의 일을 방문객의 견해에서 조사해야 한다. 특히 그 일의 주제와 거의 관련이 없을 때 방문객이 이해하기 힘들어하거나 너무 쉬워서 회피하거나 너무 빨리 이해하게 하는 요인을 고려해야만 한다.

훌륭한 문화적 성향을 만드는 사람들이 가져왔던 상당히 전문적인 물건들을 한데 모아 전시하는 어떤 박물관에서 나는 '마지막 접속'에 대한 다소 우스운 예를 생각한다. 그 박물관은 훌륭하게 건축되었으며 대중들은 무료입장이고 전시물이 대단히 중요해서 그 도시의 학교 관계자는 학생들이 공부하는 동안만 몇몇 학생들의 학습을 위해 박물관을 방문하도록 했다.

불행하게도, 어린 탐방객이 첫 번째 복도에서 본 첫 번째 것은 그림이었다. 확실히 그 그림은 오래된 거장들의 작품 중의 하나였고 아주 훌륭했다. 그 주제가 전시물과 무관하지도 않았다. 문제는 그림의 중요한 특징인 한 숙녀인데 그녀는 전혀 옷을 입지 않은 나체였다. 그녀는 매우 사랑스러웠고 그 작품에는 어떤 비속함도 없었다.

그러나 어린이는 어린이일 뿐이며 고교생은 청소년일 뿐이었다. 저자가 우연히 그 박물관에 갔을 때, 자제하지 못하는 한 무리의 어린이들은 서로 옆구리를 찌르고 웃으면서 그 초상화 주위로 모여들었다. 그때부터 그 훌륭한 전시 작품은 교육적인 입장에서는 도움이 되지 않았고 오히려 심각한 상태로 훼손되기 쉬운 위험에 처하게 되었다.

대답은 간단하다. 그 화가는 그 그림을 훌륭한 예술이라 생각했었고 사실 그는 그 그림이 알맞게 전시될 수 있었을 거라고 느꼈으며 박물관의 전체적인 주제와 어울린다고 확신했으며 그가 옳았다고 생각했었기에 그 그림을 제외시키는 것을 묵인할 수 없었을 것이다. 하지만 그는 틀렸으며 그것은 지나침이었다. 그 전시에서 그 그림이 없었더라면 훨씬 더 좋았을 것이다.

워싱턴에 있는 라파야 광장(Lafayette Square)에는 미국의 독립을 위해 싸웠던 폴란드인 코시우스코(Kosciusko)의 동상이 있다. 그는 미국의 수도에서 추모 받을 만한 인물이다. 그 동상의 바닥에 다음과 같은 비명이 쓰여 있다. '코시우스코 동상이 넘어지면 자유가 비명을 지른다'. 물론 자유는 그런 식으로 아무 것도 하지 않는다. 자유는 대단히 영예롭고 존중할 만하고 비탄한다 한들 결코 비명을 지르지 않는다.

그것은 '희망의 기쁨' 이라는 토마스 캠벨(Thomas Cambell)의 시에서 인용했다. 전체적인 시에서는 약간의 시적 허용으로 간주하고 관대히 봐줄 수 있다. 그러나 비명에서 그것이 지나치면 조잡해질 수 있다. 특히 고상한 주제를 다룰 때 비명에 품위 없는 묘사는 피해야만 한다.

해설적인 표시 중에서 우리는 '영웅' 과 같은 말의 사용에 주의해야 한다. 확실히 남자들은 영웅이라고 묘사되었다. 그러나 그들의 행적을 말 하는 것이 더 낫다. 방문객은 그 행위가 영웅적이었음을 잊지 않을 것이다. 진실로 방문객이 영웅적 행동을 영웅주의로 생각할 때, 그가 영웅적 행

방문객이 놓칠 수 있는 자연적 특징을 아카디아 국립공원의 독특한 빙하처럼 해설을 통해 새로운 의미를 갖는다.

동을 들었던 것보다 더 강하게 영웅주의로 다가온다. '그들은 수많은 적과 대항하였으며 그들의 위치를 지켰다'. 이 문장은 영웅이라 말하지 않고도 그들의 용감성을 입증한다.

여러분이 어떤 것을 아름답다고 말함으로써 더욱 아름다운 것으로 만들지 못한다는 것을 저자는 다른 장(章)에서 말하였다. 어떤 의미에서 여러분은 그것을 오히려 덜 아름답게 만든다. 그것이 지나침이다. 우리는 말을 간결하게 표현하는 힘을 길러야한다.

저자의 노트에서 다음의 인용문을 참조하고 싶다. '주제의 한계를 완벽히 이해하고 잘 경험할 때 생기는 바람직한 절제'. 그것을 내가 썼는지 아니면 어디서 베꼈는지를 지금은 알 수 없다. 어쨌든 그것이 적절하다. 그런 태도는 해설가가 자신이 가지고 있는 것의 본질을 분명하게 생각하고 깊이 느끼고 있음을 나타낸다.

우리는 '상업주의' 문학을 화려하게 주창했던 사람들처럼 우스운 실수를 범하지 말자. 그것은 개인적인 견해를 가지고 있는 사람이 스스로에게 문제화 할 때 스스로 판단할 것이다. 만일 여러분이 서 있는 장소에서 알프스의 웅장함과 영국의 어느 작은 마을의 고요함을 그리고 로이레 계곡(Loire Valley)의 역사적인 꽃마차와 티베트의 신비를 연관 지어서 생각할 수 있다고 말한다면, 저자는 그렇게 형편없는 곳은 없을 것이며 만일 있었다면 그곳을 피해야 되며 여러분의 안내 책자를 휴지통에 버리겠다고 대답할 것이다.

이런 지나침의 문제는 함정이 많고 다양하여 단지 여기서 일반적인 위험에 대한 암시 만을 제시할 수 있다. 내가 확신과 구성의 측면에 대한 책을 전적으로 계획했기 때문에 이 정도로만 언급한다. 그러나 악마는 언제나 우리 곁에 있으면서, 기교에 대한 관심을 제시한다. 의심스러울 때는 '아니오'라고 말해야 된다. 스스로 자제하면 결코 상처를 많이 입지 않는다.

맥구페이 리더(Mcguffey Reader) 시대의 아이들이 "곱셈은 골치 덩어리다"라고 말하곤 했었는데 그것은 그들이 받아들인 것과는 별개의 다른 의미에서 그렇다. 박물관에 무엇이 있어야 되는지를 아는 전문가는 결코 근무해 본 적이 없는 박물관에서 가끔 발견되는 놀라운 수집물들에 대해 말하지 않는다. 우리는 박물관에서 상당히 좋은 것을 얻고 있다. 아직도 많은 현대 공공 기관에서도 양(量)에만 의존하는 경향이 있다.

나는 자주 2천 마리의 악어를 선전하는 플로리다의 동물 농장에서 재미있게 휴가를 즐겼다. 악어는 흥미 있는 파충류인데 악어의 생산력은 뛰어나서 기니의 돼지들처럼 빠르게 번식할 것이라고 상상한다. 그러나 문제의 동물원은 그 이상의 어떤 것도 아니며 그 자체는 박물관도 아니다. 사람들이 휴일 기분에 젖거나 오랫동안 자동차 여행의 단조로움에서 휴식을 취하려고 그곳을 방문할 때, 2천 마리의 악어들이 적절한 숫자다. 만일 그 숫자가 1천 9백 마리로 감소한다면 상당히 실망할 것이다.

뉴욕 주 쿠퍼스타운의 명예의 전당과 야구 박물관(Hall of Fame and Baseball Museum)에 가서 상자 속에 엄청나게 많이 서명되어 가지런히 정돈된 야구공을 보았을 때, 플로리다 동물농장의 악어를 생각할 수 있었다. 야구는 좋은 운동이며 개인적으로 무척 좋아한다. 야구가 매우 중요한 오락인지 운동인지 저자는 그 차이점을 구별하기 위해 언급하는 것은 아니다.

야구 박물관을 방문하는 동안 저자는 야구가 우리가 볼 수 있었던 미국 스포츠게임 박물관의 한 분야가 되어가는 것을 상상했다. 그러나 저자가 말하려는 의도는 서명된 야구공의 단순한 곱셈 행위가 전시물

아름다움은 그 자체를 해설할 필요가 없다. 나중에 "이러한 모든 것 뒤에 어떤 위대한 자연적인 힘이 있나요?"라는 질문이 나오면 그때 해설을 한다. 듀이 조망대에서 바라본 요세미티 계곡

에 대한 관심을 증가시키지 않음을 말하고 싶다. 저자는 지금 불안하다. 왜냐하면 야구 선수 아피시오나도(aficionado)는 심판을 협박하고 상처를 입히는 것으로 유명한 혈기왕성한 친구이기 때문이다.

저자가 야구를 말하는 것은 버터, 조제통, 삼발이, 프린터기, 동전, 우표들 그리고 각종 증명서 혹은 다른 수천 개의 물품들―그 전시의 유일한 목적이 전문적인 것을 보여주기 위한 것이 아니라면―에 대

해 말하는 것과 다를 바가 없다.

　지나침은 흥미를 흩어지게 한다. 이것의
가장 일반적인 보기는 사(私)생활에서 저녁
식사 초대를 받았던 친구들이 조지와 앨리스가 찍었던 몇 장의 사진
을 화면 위에 투시해 봄으로써 겪는 고통이다. 사진은 아마도 슬라이
드나 영화 단편 필름일 것이다. 이 렌즈는 초보자에게는 그가 전에
잘해냈던 처음의 칼라 필름으로 최고의 순간을 돋보이게 했던 놀라
운 방법이 있는데, 만일 조지와 앨리스가 그들의 작품을 신중히 편집
했었더라면, 그날 밤은 더 성공적이었을 것이다.

　이런 모든 사진들은 조지와 엘리스의 눈에는 똑같은 장점이 있다.
즉, 대상물들은 뒤뜰의 야외 요리 장소에서부터 해변가까지, 언니의
아이, 피튜니아 새의 목욕용 쟁반에서 가을 단풍나무의 단풍 색깔까

지 무수히 쇄도한다. 그 결과는 현기증을 일으키며 여러분은 모든 것을 보아 버렸기에 더 이상 볼 것이 없다. 이것이 산만함에 무감각한 것이다. 저자는 앞에서 터무니없고 지나친 보기를 제시했다.

몇 해 전에 예쁘게 장식되고 관리된 훌륭한 어느 역사적인 집에 갔었다. 그곳은 유명 작가의 집이었는데, 그 작가는 외국 여행 동안 어딘가에 간단한 말을 썼다. '오늘 저녁 우리는 모두 서커스 공연장에 갔었다'. 그 간단한 말을 근거로 해서 축소하여 만든 모형의 서커스 곡마단도 전시되어 있었는데 매우 말끔하고 매력적인 작은 서커스 곡마단이었다. 그러나 그 집에서 그것이 어떤 장소에 있어야 할까? 만일 작가가 곡예 그네 서커스를 타면서 젊은 시절을 서커스단의 바넘(Barnum)과 함께 보내었다면, 그것은 자서전적 묘사였을 것이다. 이것은 산만함이다.

일반적으로 야외 공원에 설치되어 있는 망원경은 멀리 있는 물체를 조금 더 가까이 끌어오기 위해, 동전 구멍 속으로 동전을 떨어뜨리면 작동된다. 이런 망원경은 공원 내 영업권 소유자가 관리(망원경이 자주 고장 나고 동전이 없어지거나 수리해야 할 때) 운영한다. 방문객이 육안으로 볼 수 없는 지리적으로 특이하게 형성된 곳은 그런 장치가 바람직하다.

일반적인 사용 다시 말해서, 오직 인간의 눈의 정상적인 범위나 상상력의 뒷받침으로는 그런 포괄적인 장엄한 감각을 가질 기회가 적거나 좌절된다. 바위와 나무를 개별적으로 구별하여 완전한 효과를 얻기보다는 이런 전망대를 설치하여 경치 좋은 곳을 개발하는 또 다른 이유는 무엇일까?

설계도를 작성하는 제도 예술가들은 혼란스럽도록 섬세한 노력이 담긴 그들의 그림에 멋진 이름을 붙여주었다. 그들은 '너무 분주하다' 로 묘사했다. 비록 잡지에 관한 한 아주 성공한 삽화가이지만 언제나 그의 분주한 성향을 제압하려 노력하는 친구가 한 명 있었다. 내가 그의 연구실에서 빈둥빈둥 할 때 그는 말했다.

"어젯밤 내가 잠자기 전에 이상한 상상을 했었는데 만일 태평양의 무인도에 버려져 오직 하나의 도구 만을 가질 수 있다면 그것은 어떤 것일까? 하는 것이었는데 당신은 그것이 무엇인지 아시겠소?"

내가 "칼?"이라고 불분명하게 대답하자,

"아니오!" "지우개"라고 대답했다.

11장
美의 신비

완벽한 아름다움을 칭찬할 필요가 있는가?
아니다. 법 그 이상도 아니며 진실 그 이상도 아니며
다정스런 친절 그 이상도 아니며 절제 그 이상도 아니다.
　　　　　　　　　　　　—마르크스 아우렐리우스의 명상록

　미(美)의 영역에서 해설가는 주의해야 된다. 백합에 도금을 하는 것은 좋지 않다. 백합이 부서질 뿐 아니라 화가도 자신이 미의 본질을 이해하지 못함을 인정하는 것이다.

　비록 가치 있는 수필집이 많이 있지만 미를 적절하게 정의한 예가 하나도 없다는 것은 미가 추상적이면서 현실적이기 때문이라고 믿는다. 여러분은 버나드 보스앙퀴트(Bernard Bosanguet)가 미에 대해 플라톤을 해설했던 방식— '미란 감각에 인식될 만한 형태로 영원히 작용하는 법을 상징하는 모든 것이다' —에 관심이 있을 것이다. 칸트(Kant)는 '미의 강력함 때문에 우리가 놀라고 우리의 외소함 때문에 고통스러워한다. 그러나 자연의 위대함을 찬미하면서 우리를 채운다는 것' 을 알았다.

　당신의 의지대로 미를 묘사하시오. 미란 확실히 현실적이며 환상적이며 인간이 삶에 바빠서 무관심할 수 있는 부족한 요소가 될 수 있다.

여기, 아름다움의 전 분야에서 해설가에게 경고의 목적으로 에머슨(Emerson)의 가장 훌륭한 문구 하나를 선택한다. '자연은 현명한 사람에게는 결코 시시한 작품이 아니다. 꽃과 동물과 산은 현명한 사람의 유년기의 단순성 때문에 기쁨을 주었듯이 그의 전성기의 지혜를 반영한다'.

구체적인 예로, 만일 우리가 티톤 국립공원[22] 지역의 위엄을 보려면 이런 경험을 장난삼아 말하거나 행동하지 말아야 한다. 이런 산의 정상은 스스로 말하는 방법을 안다. 세상 사람들이 소유한 언어를 말한다.

대상이 산이나 호수나 수정이나 치펜데일[23] 또는 영웅적 행동이건 간에 앞에서 언급한 것을 아름답다고 말함으로써 더욱 아름다워지는 것은 아니다. 미를 아는 것은 언제나 경이롭다. 가끔씩 국립공원의 광경을 유머스럽게 '오, 아'의 감탄사로 표현한다. 이런 감탄사들은 방문객이 놀라운 감정을 표현하는 즉각적인 방법이다.

해설가 여러분이 해설적인 표현으로 어떤 일정한 대상을 아름답다고 묘사하는 것은 관광객의 멋을 침해하여 무례할 뿐 현명하지 못하고 오히려 관광객과 경치 사이를 간섭하게 된다. 그러나 '이 지역에서 우리를 에워싸는 아름다움'이라는 구절은 말해도 괜찮다. 왜냐 하면, 지금 여러분은 분위기를 조성하고 일반화하며 어떤 불일치가 거의 없을 것이라는 것에 관하여 방문객에게 유일한 대상을 자유로이 선택하도록 하기 때문이다.

그래서 해설가가 미적 가치를 다루는데 있어서 자신을 두 가지로 제한하는 것이 좋을 것 같다. 첫째는 미를 보거나 이해할 수 있는 가

---

22 티톤(Teton); 와이오밍 주에 있는 국립공원.
23 치펜데일(Chippendale); 18세기 영국 가구사의 이름

장 가능한 유리한 점을 만들고, 둘째는 감정이나 동의할 만한 분위기를 확립하기 위해 할 수 있는 모든 것을 한다.

로널드 리(Ronald Lee)가 제안했듯이 이런 첫 번째 노력은 해설의 원칙일 수 있다. 당연히 그 생각을 거부하지 않는다. 그러나 해설의 원칙을 아주 중요한 디자인의 문제와 경영과 계획과 경치와 도로와 구성의 문제 혹은 다른 것으로 생각하기 때문에 당면한 현재의 방식으로 해설의 원칙을 해결하기 좋아한다. 해설의 원칙이 가장 높은 기능임은 의심의 여지가 없다. 또한 좋은 장소에 세워서 미와 접촉할 수 있게 분위기에 대해 말하는 것은 비록 정도의 차이가 있고 방법이 다양해도 야생공원과 박물관 혹은 역사적인 집에서도 마찬가지다.

에버글레이드스 국립공원의 물 위에 설치된 안힌가(Anhinga) 탐방로는 세 가지 목적을 전해준다: 다른 방식으로는 접근이 불가능한 환경을 효과적으로 해설하기, 방문객에게 편의 제공, 그리고 파괴되기 쉬운 야생생물군을 보호하는 것이다.

그러면 특히 사물의 중요한 점이 심미적
인 곳에 있다 하더라도 전체보다는 부분을
그리고 감정을 노련하게 이끌어 내는 말과 글로 쓰여진 해설에는 전
혀 관심 갖지 않을 것이다. 나머지 것은 조경가나 다른 건축학자의
일이다. 락펠러의 아들 존(John D. Rockefeller, Jr)은 예민한 눈으로 자
연적인 경치를 즐기면서 놀라고 너무 많은 경치를 보는 실수를 할 수
있으며, 너무 많은 경치를 봄으로써 진실로 훼손되지 않은 자연의 상
태를 이해하지 못할 수도 있다. 그러나 그의 성격이 그러하듯이 근본
적 의도는 건전하고 관대하다.

우리는 감정으로 어떤 것을 이해하고 또는 더 잘 이해 할 수 있는지
를 묘사하려고 해서는 안 된다.

남 캐롤라이나 주에 있는 야외 조각 박물관인 북그린(Bookgreen) 정
원은 오래된 농장 위에 두 명의 유명한 헌팅턴 사람과 아마추어가 만

들어낸 위대한 인도적이고 예술적인 창조물이다(이런 정원에 알맞은 해설적인 표현은 8장에서 설명했었다). 그 정원에서 몇 시간을 즐겁게 보냈는데 해설적인 말이나 그 밖의 다른 방법의 해설이 필요 없는 곳이다.

거기에서는 방문객에게 몇 가지 질문이 생기는데, 질문은 미적 특성과 관련이 없고(아마 내가 거기에 있었기에 그것들이 그렇다) 작은 인쇄물을 통해 질문에 대한 답을 잘 얻을 수 있다. 북그린 정원은 대부분 스스로 해설할 수 있도록 분위기나 장소가 바로 그곳의 요지에 유리하게 위치해 있다.

그러나 아이다호의 아코(Arco) 부근에 있는 달 국립 기념관(Moon National Monument)의 분화구를 생각해보라. 분화구의 아름다

산에서 재배되는 산물과 공예품의 시범은 버지니아 주 블루리지 공원길에 있는 마비 방앗간의 사탕수수를 찧은 동작에서 보듯이 언제나 효과적인 해설의 매체가 된다.

블루리지 공원길에 오는
방문객은 재래식 방법으로
요리된 사과 버터를 맛 볼 수
있다.

움과 경이로움을 깨닫게 하는 숙련된 해설이 필요한데
나는 '아름다움' 이라 말하고 싶다. 왜냐하면 아름답기
때문이다. 그리고 *적절함을 미의 첫 번째 요소라고 생각하는 존 러
스킨(John Ruskin)에 동의한다. 만일 내 이웃이 혼란스런 화산의 형태
를 보기 싫다고 생각한다면 논쟁할 수 없다. 우리는 미를 다르게 규
정할 뿐이다.

달의 분화구는 고통 속의 자연을 그린다. 용암은 더 이상 매혹적일
수 없으며 깊은 곳에서부터 끓어올라 밖으로 분출되었으며 땅 위로

158

분출되어 놀라운 형태로 식었다. 모든 사람은 미를 눈으로만 인식할 수 있는 것으로 생각하기 때문에 여기에 해설가들이 도전할 만한 것이 있다. 해설가는 소위 말하는 질서나 혹은 완벽한 보상 같은 더 넓은 영역으로 관광객을 데려가야만 한다.

그리고 난 후 해설가의 의무는 자연에 의해 유지되었던—우리가 현재 즐기는 축을 유지하면서 자연에 의해 어떤 주어진 장소에서 지구 구조의 무게 상실을 다른 어떤 곳에서 보충할 수 있다—놀라운 균형에 대한 이야기를 놀랍고도 생생하게 만드는 것이다.

이와 유사하게, 침식이나 퇴적물 시대의 이야기가 쓰여진 가파른 벽의 협곡에서 비록 중요한 면을 일반적으로 심미적인 것이라고 생각하지 않는다 할지라도, 협곡의 아름다움은 더 큰 의미로 나타낼 수 있다. 가끔씩 우리가 해설하려는 모든 것이 마침내 미의 영역 안팎으로 구분될 수는 없는지 궁금하다. 이런 생각 뒤에 오는 다코타(Dakota) 정착민의 풀집은 인간이 재료를 발견해서 집을 짓는 목적을 달성했기 때문에 사회적 역사가 되기도 했으며 아름답기도 하다.

한때 강둑에서 자란 줄기로 지붕을 덮고 미 남서부와 멕시코에서 자라는 나무인 오코틸로(Ocotillo)의 줄기와 용설란의 마른 꽃 줄기로 지어진 구조물을 텍사스 주의 빅 밴드 국립공원에서 본 적이 있다. 아름답지 않은가? 우리가 그렇게 자주 진실로 아름답지 못한 것을 약삭빠르게 발명할 때 아름답지 못하다.

과거 농촌 생활의 많은 훌륭한 재건축물을 보면서 대장장이의 일이 아름다운 것임을 알았다. 아주 단단한 근육질의 대장장이가 누더기 옷을 입고 풀무질을 하면 진한 빨강색은 거의 불꽃 없는 석탄 속으로 들어가고, 망치로 때릴 때 망치 아래에서 불꽃이 날아다니고 그 대장장이는 계속 거친 연장을 숙련되게 사용하여 창조적인 일을 한다.

이 모든 것은 단순한 역사가 아니다. 그것 자체가 훌륭한 것이며 과거를 현재로 이끌어 온다. 인간의 의지의 반영, 그의 주변에서 숨 쉬는 모든 것과 인간과의 유대관계, 그리고 땅 속에서 인간의 발굴을 기다리며 묻혀있는 광석이다. 해설은 이 모든 것 이상의 의미가 있다.

해설가 자신이 해설의 아름다움을 느낀다면 간단한 용어로 이 모든 것을 계획할 수 있다. 물론 해설가는 그의 특별 지식으로부터 훨씬 더 많은 일을 할 수 있으며 이런 감정은 기본이다. 감정이나 해설가의 연구와 공부를 통해서 해설가는 모든 것을 '하나의 과학(소크라테스가 도입)'으로 만든다. 그리고 여러분이 이것을 사랑 혹은 미 혹은 당신이 큰 의미가 없는 것이라 생각하는 어떤 것이라고 부르고 싶다 해도, 관광객에게 한 가지 이상의 효과를 주게 되는데 그것을 영감이라고 한다.

만약 내가 광물이나 다른 것으로 박물관을 배열한다면, 방문객이 들어왔을 때 그 방문객에게 한 가지 아름답고 명확하지 않은 것을 보여주어야 된다고 생각한다. 만약 그것이 놀라울 정도로 아름다우면 그 순간 정확한 이름이 무엇일까 하는 것은 중요하지 않다. 알고 싶어 하는 사람은 나중에 알게 될 것이다. 그것 주위에 예쁜 공간을 만들 것이고 어떤 것도 최고를 밀어 제치지는 못할 것이다. 박물관 전문가가 아닌 내가 박물관을 만든다면 박물관을 형편없는 작품으로 만들까봐 걱정할 것이다. 그러나 건물의 위치와 분위기에 대해서는 내가 옳다고 믿는다.

과학자인 다윈은 브라질에 머물렀다. 방문객으로서 글을 썼을 때, '이런 훌륭한 장소에서 개별적인 사물을 상세히 말하기는 쉽기만 정신을 격상시키고 충만하게 하는 경이로움과 헌신과 놀라움의 높은 감정과 같은 적절한 생각을 주는 것은 쉬운 일이 아니다' 라고 표현했다.

만일 과학자가 그렇게 느낄 수 있다면, 해설의 범위 안에서 진실로 어떤 보호구역이나 국립공원을 가장 훌륭하게 이용하려면 궁극적으로는 정신을 고양시켜야 한다. 이런 목적은 몇 가지 면에 대해서 아름답게 접근해야만 도달할 수 있다. 그 해설가는 주로 교사가 아니라 모험적인 동료다.

＊아리스티퍼스(Aristippus)가 말했다. "똥 바구니도 아름다운 것이 될 수 있을까?" "그래" 쥬피터 곁에 있는 소크라테스가 말했다. "만약 금 방패가 특별하거나 나쁜 목적으로 만들어졌다면, 추한 것이 될 수 있다."
―크세노폰의 기억할 만한 사건 중에서

12장
매우 귀중한 요인

우리는 그리스인, 로마인, 터키인, 승려, 왕, 성직자 또는 실행자가 되어야 한다고 책에서 읽었다. 비밀스런 경험 속에 있는 어떤 실재성으로 이런 이미지들을 고정시켜야 한다.

—랄프 왈도 에머슨

헨리 제임스(Henry James)는 그의 책 「프랑스에서 짧은 여행」에서 프로방스 지방의 고대 카카소네 시(市)에서 행했던 '해설'을 재미있게 묘사했다. '숙달된 안내자로부터 떨어져도 안심할 수 있다는 뜻은 아니다. 안내자의 정보 전달 방식은 나에게 광천수가 강력한 과정을 통해 병에 담아지는 것을 생각하게 했다'. 제임스는 안내자의 도움 없이 성채 주변을 혼자 걸었다. 즉 '혼자 시간을 보냈다'.

안내자는 우리의 면전에서 쉬이 소리를 냈다. 우리는 그가 좋아하는 것—아마도 조금 더 좋아하는 것과 덜 좋아하는 것—을 접하게 된다. 그런 안내자들이 프랑스 전국에 있는 것은 아니다. 석회석 동굴을 발견하려고 합류했던 일단의 방문객이 생각난다. 안내자는 호감을 주었으며 품위가 있었으나 상황을 이해하지 않고 안내하면서 두 가지 중요한 실수를 했다.

첫째, 그는 암기한 것을 낭송했는데 얼마 후 그 내용을 기억 할 수 없어 괴로워했다. 이럴 때 해설가가 당황하는 것은 당연하다. 당황하면 또한 청중들에게도 좋지 않다. 왜냐하면 방문객은 단지 그와 함께 애를 쓸 뿐 아니라 안내자를 이해하느라 노력해야 되기 때문이다. 한참을 괴로워하다가 몇 분 후 안내자는 말했다. "다시 시작하겠습니다. 이번에는 철저히 시작한다.

그러나 두 번째 실수는 치명적이었다. 그는 사랑이 없이 해설을 수행했다. 만일 여러분이 해설하는 일을 사랑한다면, 그리고 해설을 경험하기 위해 오는 사람들을 사랑한다면, 여러분은 해설할 내용을 암기해서는 안된다. 왜냐하면 여러분이 사물을 사랑한다면 여러분의 능력껏 그것을 이해하려고 노력해야 할 뿐만 아니라 삶의 일반적인 아름다움의 풍부함 속에서 특별한 아름다움을 느껴야 하기 때문이다. 이것은 확실히 해설가에게 특별한 임무를 잘 강조할 수 있다. 그러나 여러분이 시간과 상황을 이해하는 능력과 어떤 부분의 한계성을 더 많이 알게 된다면 잘못은 쉽게 고칠 수 있을 것이다.

우선 '사람을 사랑' 하는 것이 무엇인지 정확히 설명해야만 된다. 정확하게 인간에 대한 이해 부족과 그들의 미덕을 과장하여 설명해서는 안된다. 해설 분야에서 오래 일하면서, 해설가는 성가시고 다루기 어렵고 교육시킬 수 없는 사람을 만나게 될 것이다. 예를 들면 해설가가 존재하는 명백한 몇 가지 이유 만으로 교수형 집행자에게 일을 제공하는 것처럼 어려운 경우는 거의 없다. 독이 있는 덩굴 식물에 감염되어 고통을 겪는 사람은 이 해로운 식물이 그 경치를 독점할 거라고 생각할 수 있다. 사실 그것은 울창하게 번성하는 모든 식물들의 작은 공간을 차지 할 뿐이다.

해설가는 자신을 낮추지 않을 것이고 오히려 자신이 존경받아야 된다고 주장할 것이다. 해설가는 인간을 비웃는 잘못을 하지는 않을 것이다. 그가 접촉하는 것에 대한 경외심 때문이 아니라 자신의 판단으로는 완벽함에 빨리 도달할 수 없기 때문에 교만하지 않을 것이다.

사실은 그렇지 않다. 여러분은 사람을 감상적으로 사랑하지는 않을 것이다. 여러분은 사람을 이해하려고 계속 노력할 것이고 그들의 결점과 경솔함과 무지가 무엇이든 간에 그들이 특별하지 않다는 것을 알기 위해 계속 노력한다는 점에서 사람을 사랑할 것이다. 사람들은 해설이 행하여지는 장소에서 해설가를 불편하게 할 특별한 목적이 있는 것은 아니다. 고위 성직자는 죄수가 선고를 받으러 걸어가는 것을 보면서 '신의 은총이 아니었더라면, 나는 그곳을 떠났을 것이다' 라고 말했다.

사무엘 콜리지(Samuel T. Coleridge)는 저자에게 이에 대해 설명했다. 누가 이 설명을 이 정도 혹은 이보다 더 많이 필요로 하는가? 만일 여러분이 인간의 무지를 이해하지 못하면, 인간을 이해하지 못할 것이다' 라고 말했다.

고백하건데, 저자가 이런 말을 처음 들었을 때 이 말이 말장난같이 들렸다. 그러나 나중에 해설할 때 그 말이 사실이었고 진실로 중요하다는 것을 이해하기 시작했다. 해설가는 이 경구를 자신이 경험했던 말로 표현하는데 어려움이 없을 것이다. 해설가의 해설을 들으러 온 방문객은 자신들이 보거나 경험한 사실들에 대해 비 전문적이며 심지어 일반적인 지식도 가지지 않았다. 방문객은 단순히 약간의 호기심으로 혹은 여가시간을 보내려고 또는 심심해서 자주 방문한다. 중요한 것은 그것이 명백하므로 우리가 이해하고 무지가 아니라 무지에 대한 이유 때문에 관심 있게 판단한다는 것이다.

인간의 일상적인 운명과 비교해서, 우리는 가장 좋아하는 보존하는 일에 종사하면서 감탄스러운 것과 매일 접촉하기 때문에 정말로 운이 좋다. 사람이 모여 있는 박물관과 역사적인 집에서 방금 돌아왔을 때 이 내용을 썼다. 방문객이 얼마나 즐겁게 몰두했던지! 얼마나 흥미롭게 긴장을 하던지! 토론의 자유가 무엇이며 그 절차에 대한 견해의 차이를 당연히 여기고 미소를 지으며 해결하였다. 진실로 이것이 따분한 세상의 일반적인 경험이라 생각하는가? 대부분의 사람들이 잘못된 길로 여행하였음을 알면서도 너무 멀어서 되돌아가기에 늦었다고 쓸쓸하게 결론을 내린다는 사실을 모르는가?

이 사실을 변화시킬 수는 없지만 이해할 수 있다. 그래서 정보를 제시함으로써 기뻐하는 그들의 빈약한 조건을 설명할 수 있다. 결실 있는 흥미로 성장할 수 있는 적어도 하나의 혼란스런 아이디어라도 방문객에게는 도전적인 것이 있다.

시(市)의 계획 수립자 칼 페이스(Carl Feiss)가 역사적으로 오래된 옛집을 방문했을 때, 많은 사람들이 모두 "이곳을 아직도 같은 사람이 소유하는가?"라고 똑같은 질문을 했다고 말하였다. 적어도 대부분의 사람이 공유하는 피해를 입기 쉬운 장소가 있다. 그곳이 부동산이건 혹은 자신의 가족과 집안 또는 이런저런 생각을 하던 어떤 사람이 자신과 실제적인 세상을 연관 짓는 미묘한 종류의 소유일지라도 공유가 지속되기를 바란다.

해설가가 방문객의 무지에 대한 근원을 이해한다면 방문객을 이해할 준비가 되어 있는 것이며 이를 이해하는데 일반적으로 관대하다. 단지 이해의 범위는 외견상 해설가 자신이 관심 있는 부분에 관하여 알고 느끼는 분야의 외부에 전적으로 달려있다. 저자가 플로리다 주의 세인트 오거스틴의 카스틸로 요세에서 수백 명을 안내할 때, 성의 출구로부터 조금 떨어진 회의실에서 앞에 앉아있는 사람을 바라보며 오리엔테이션을 하는 동안 저자의 해설 내용을 노트에 정리하는 모습을 볼 수 있었다.

만(灣)을 가로질러 아나스타시아(Anastasia) 섬에서 파냈던 커다란 패총 돌덩어리들을 성을 쌓는데 사용했던 방식을 설명할 때까지 의심스러운 표정을 짓고 있던 방문객이 갑자기 질문했다. "어떻게 그것들이 이어질 수 있습니까?" 다행히도 나는 그 질문의 의미를 알았다. 건축가들이 시멘트 재료인 가는 모래나 조개껍질의 형태를 바로 가까이에서 구할 수 있다고 설명할 수 있었다. 그 순간 그는 그 성채에 관심을 가졌다. 그는 나중에 다시 "그것에 대해 더 많이 알고 싶은데 책을 한 권 권해 주실래요?" 라고 물었다. 그는 건축가였으며 저자는 그가 이해하고 있음을 알았다. 훗날 그에게 연락을 했으며 지금 그는 역사적인 집을 이해하기 시작했다.

사랑의 관점은 충분하다. 해설가가 소유해야만 하는 주제, 즉 사랑이다. "아는 것 즉 사물을 알려면 먼저 사물을 사랑해야만 되며 그것에 동정심을 가져야 된다. 다시 말해서, 사물과 효과적으로 관련이 있어야 된다"라고 토마스 카알라일(Thomas Carlyle)이 말했다. 정말로 중요한 요소다.

미국 국립공원청의 남서부 기념관의 초대 소장인 프랭크 핑크리(Frank Pinkley)가 썼던 편지가 생각난다. '대장' 핑크리를 알았다는 것이 결코 운이 좋은 것 만은 아니었다. 그는 애정이 많기로 유명하지만 자신의 일을 지나치게 사랑하는 것 이외의 다른 어떤 것도 그의 동료들에게 강한 인상을 남기지 못했다. 그래서 동료들이 그를 말할 때는 언제나 눈이 촉촉하게 젖어 있었으며 목소리는 약간 떨렸다. 여기에 핑크리가 세상을 막 떠났다. 한 명의 부하 직원에 대해 쓴 글이 있다.

나는 전날 공원 감독관인 가브리엘 소부레스키(Gabriel Sovulewski) 가 더 이상 이 세상 사람이 아니라는 소식을 듣고 놀랐다. 그가 몸 담았던 공원은 결코 그에게 일상적인 것이 아니었다… 그는 나를 전에 캡티탄(Captitan) 기슭에서 굽이쳐 나가는 계곡의 바닥으로 지리적 여행을 시켜 주었었다. 우리는 거기에서 3~4 분간 말없이 앉아 있었다. 황홀하게 넋을 잃고 바라보고 나서 그는 내 인생을 통해서 결코 잊을 수 없는 말을 했다. "당신은 계곡이 형성된 방법에 대해 알고 싶은 모든 것을 말할 수 있겠지만 거기에는 과학이 끝나고, 전지전능한 위대한 신(神)이 창시한 곳이 있지요".

자연계에서 숭배하는 적절하고 아름다운 것은 보이는 아름다움이 아니라 정신적인 것이다. 용어 그 이상의 것으로 해설가는 수많은 경험을 했으며 영향력이 미치는 실제적인 것을 만드는 사람이다. 이런 공경은 사랑으로 해설을 보여준다.

국립공원 레인저들 가운데 선배인 스미스(Smith) 씨는 '화이트 산 (White Mountains)'에 대한 사랑을 거창하게 표현했다. 탐 빈트(Tom Vint)는 어느 날 스미스 씨와 함께 잭슨 홀(Jackson Hole)의 위쪽 길로 차를 몰고 있었다. 그때 스미스 씨가 갑자기 그의 운전대를 길가 잡목 쪽으로 몰았다. 밖으로 뛰어나와 탐을 끌어내린 후 그는 비교할 수 없는 티톤(Tetons)의 수평선을 따라서 그의 팔을 끌면서 "탐, 맹세코, 나는 그것을 아름다움이라 부른다!" 라고 불쑥 말했다.

이해한다. 스미스는 매일 들쭉날쭉한 수평선을 보아왔다. 피곤함에도 불구하고 그의 사랑은 매시간 마다 새로운 아름다운 것들을 보았다. 비록 그의 표현이 성격상 소박했다고 하더라도 그것이 '대장' 핑크리의 친구 가브리엘 소부레스키만큼 진실로 존경할 만하다는 나의 제안을 시인하지 않았다.

해설가가 원시적인 환경이나 격전지, 혹은 푸에블로(Pueblo) 사람들의 유적지나 혹은 2세기 동안 지속적으로 가족들이 거주했었던 집에 있건 간에 모두가 하나다. 만약 해설가가 카알라일(Carlyle)의 말처럼 사랑과 '효과적으로 관련' 지을 수 있다면 해설가는 사랑의 마력으로 역사적인 집과 유적지와 격전지와 태초의 공원 또는 거기에 살았던 사람들에 대해 방문객에게 설명할 수 있다.

해설가가 소유하고 있는 사랑의 힘으로 태초의 공원 등은 동·식물의 삶과 관련이 있는 천연림이며, 청중(聽衆)들 마음 속에서 위험하지만 모험을 즐기기 위해 서부로 향하는 용감한 이용객이나 탐험가들이 천연림을 처음 보았다고 느끼도록 할 수 있다.

특별한 생각과 행동을 아주 많이 지속해야 되는 분야 만이 아니라면 독자들을 생소한 분야로 안내하지 않을 것이다. 내가 계속해서 진정한 해설을 위해 위험을 무릅쓰고 인용할 소크라테스는 멀리 보는 안목을 가졌다. 소크라테스는 예언자 디오티마(Diotima)가 그에게 다음과 같은 것을 말했다고 생각했지만 소크라테스는 그를 종종 비꼬았다. 나는 그와 디오티마는 같은 사람이라 생각했다.

사랑은 미를 추구하는 것 이상이다. 사랑은 죽게 되어 있는 생명체의 불멸의 특성이다… 진정한 사랑의 본능을 가졌거나 모든 형태에서 미의 관계를 진실하게 분별할 수 있는 사람은 결국 그 분별력이 그에게 유일한 학문으로 드러날 때까지 힘차게 계속 전진할 것이다. 그리고 그는 갑자기 어떤 인간의 얼굴이나 모양과 다른 놀라운 미의 특성을 완전하고 단순하게 분리하여 영원히 받아들일 것이다.

위의 인용에서 소크라테스가 의미했던 바를 완전히 이해하는 척 했다면 정직하다 할 수 없다. 플라톤의 작품을 아주 훌륭하게 번역했던 조웨트(Jowett)도 당황했을 거라고 생각한다. 아마도 그리스인은 현대 세계에서는 존재하지 않은 지적 관점을 가졌었을 것이다. 놀라운 진실이 여기에 있어서 충분하다 하겠다.

단어 '물리학(Physics)'은 그리스인들 사고에서 '자연'의 의미를 나타내기까지는 상당한 변화를 겪었다. 앞으로 다가올 여러 세기동안 '해설'이라는 단어는 광범위하게 생각의 수평선을 나타내거나 새로운 욕구와 실행에 맞도록 해설의 의미를 유사하게 변화시킬 거라고 확신한다.

디오티마의 인용구에서 새로운 욕구와 실행에 맞도록 의미를 유사하게 변화시키는 순간 최소한 해설의 현 단계에서는 호기심을 가지고 좋아 할 것이다. 우리는 관련이 있거나 관련이 없는 사실에서 출발하며 일반화를 보여주려고 노력한다. 그러나 마침내 논쟁의 방향이나 감정의 투영으로 다시 단순해진다. 그리고 감정이입으로 어떤 상황은 만족될 것이다. 왜냐하면 그것은 모든 보존구역에 일상적이며 방문객의 경험과 공유하는 몇 가지 흥미 있는 요소를 다루기 때문이다.

그래서 저자가 이 책에서 여섯 가지의 기본 원칙으로 시작했는데 결국 소크라테스가 언급했던 '유일한 학문'처럼 유일한 원칙인 것이다. 만일 이것이 그렇게 된다면, 유일한 원칙은 사랑이라고 확신한다.

13장
기계 장치에 대해서

아르키메데스: 내게 지레 받침대를 주시오.
그러면 나는 지구를 움직일 것이요.
디오게네스: 그것이 다른 장소에서 훨씬 좋지 않을까요?

　'기계장치' 라는 단어의 사용이 도리에 어긋난다고 생각하지 않는다. 개인적으로는 기계장치에 대해서 감사하고 싶다. 왜냐하면 기계장치는 내게서 떨리는 손가락으로 깃털 펜을 잡아야 되는 고통을 덜어주기 때문이다. 가끔씩 지금까지 쓰여진 최고의 글은 수세기 전 철필이나 펜과 종이의 시대였다고 믿는다. 만일 그것이 사실이라면 생각컨대 그것은 작가들의 문예상의 데카당 운동 때문이라 생각한다. 어쨌든, 이 책은 훌륭한 표현보다는 해설이 관심의 대상이므로 그 점에 대해서는 더 이상 언급하지 않겠다.

　해설의 분야에서 기계장치는 지금도 계속 이용되고 있으며 미래에는 지금 보다 훨씬 더 많이 이용될 것이다. 단지 목소리와 손과 눈 또는 무의미하거나 의미 있는 즉흥적 대사 그리고 신체적 자아의 개인의 성격에서 나오는 어떤 것에 의한 직접적인 접촉만큼 만족할 만한 전기 통신 장치는 결코 없을 것이다.

군집생활을 하는 곤충은
해설을 위한 훌륭한 주제가
된다. 워싱톤 D.C. 록 크릭
자연탐방안내소에서 내부를
볼 수 있는 벌집은 남녀노소
모두에게 인기가 높다.

　　모두가 이에 동의할 것이라고 생각하는 반면 우리 모두는 개개인이 직접적인 접촉을 충분히 할 수 없을 거라는 것을 안다. 진보하는 과학의 시대와 맞추려 노력해도 과학이 너무 빠르게 발전하므로 종종 뒤쳐질 뿐이다. 그리하여 사람이 진보하는 과학을 좋아하든지 않든지 간에 우리는 해설적 효과를 배가시키기 위한 목표로 더 효과적인 기계적 장치를 많이 갖추기를 희망한다.

　　해설을 위한 기계장치에는 더 많은 자동 투영장치와 더욱 견고한 설치나 더욱 많은 녹음기와 테이프들 등 관광객들이 스스로 작동할 수 있도록 만든 많은 기계 장치들과 전문적인 기술을 가진 영화나 슬라이드 비디오 또는 오디오 등이 있다.

　　'기계장치'라는 주제에 대해 설명하고 있는 이 장(章)을 저자가 쓰고 있는 책의 유형에 포함시켜야 될 것인가에 대해 약간 의심했었다. 왜냐하면 그런 기계장치는 몇 명의 해설가가 생각하고 준비하고 말하거나 혹은 개인적으로 수행했던 해설보다 더 좋은 것을 결코 전달할 수 없기 때문이다.

캐드스 코브 주민이 옛 가구
제작 방법을 보여주고 있다.

　아무리 기계가 완벽하다해도 언제나 사
람보다는 뛰어나지 못하다. 그 장치는 기꺼이 사람을 따르는 사람에
의해 조종되는 제어장치로 조정하는 사람의 숨을 들이쉬는 행위와
[음과 아]까지 따라서 반복하여 여러 면에서 해설가를 방해하는 사소
한 부분들까지도 반복한다. 만일 저자가 타자기로 고양이 Cat의 철자
를 K로 시작하여 쓴다면, 그것은 기계의 잘못이 아니다.

　많은 장소의 보호구역에서 오랫동안 행했던 해설의 이용 과정에서
지금 사용하는 몇 가지의 기계장치를 이용하였는데 여기에서 해설
분야에서 사용하는 기계장치에 대해 조금 더 언급하기로 하자.

　1. 우리가 여기서 생각하는 해설을 위한 어떤 기계장치도 해설가가
방문객과 직접 접촉하여 행한 해설만큼 바람직하지는 못하다(이것에
대해 더 이상 언급하지 않을 것이다. 왜냐하면 실제로 모두가 동의하기 때문
인데 그것은 해설을 시작할 수 있는 좋은 시점이다).

2. 훌륭한 기계 장치는 전혀 접촉하지 않은 것보다는 훨씬 좋다.

3. 기계 장치의 좋은 해설 결과는 어떤 해설가가 형편없이 해설하는 방법보다 훨씬 좋다.

4. 기계적 장치로 행하는 형편없는 해설은 개인적 접촉에 의한 형편없는 해설보다 더 나쁘다.

5. 기계적 장치로 행하는 형편없는 해설은 아무 것도 하지 않은 해설보다 더 나쁠 수 있다. 왜냐하면 어떤 사람이 다른 사람에게 시간 낭비하는 전화통화를 강요할 때와 똑같이 피해를 입은데다가 모욕까지 받을 수 있기

만약 해설이 가상의 사격 연습을 포함한다면 대포는 해설의 훌륭한 전시물이 된다. 캘리포니아 주 포인요세 국립역사유적지

워싱턴 D.C.에 있는 프레드릭 더글라스 집을 방문하는 학생들은 공원 자연자주의자의 눈을 통해 자연환경에 대해서 배운다.

때문이다.

6. 어느 장소나 기관도 기계장치가 적절하게 지속적으로 그리고 재빨리 제기능을 할 수 있다는 것을 알 수 있을 때만 기계장치를 설치해야 된다. 해설에 대한 기계장치들이 적절하게 작동되어 아무리 좋다 할지라도 짧은 시간일지라도 작동되지 않으면 방문객에게 부담을 주며 불쾌감이나 유감의 원인이 될 수 있다.

근간에 지리학 분야를 소개하고 있는 시립박물관에 갔었다. 까만

불빛으로 밝은 색깔을 내는 바위 즉, 광물질들이 형광장치를 한 상자 속에서 빛나고 있었다. 개인적으로 이런 사랑스런 표본 종류를 보고 아이처럼 기뻐했는데 기계가 작동되지 않았다. 고용인 한 사람을 찾았는데 그는 저자에게 약간 짜증을 내면서 말했다.

"그게 아주 고장이 잘나요" 그의 태도는 명백히 그 장치가 얼마 동안 작동이 되지 않았으며 그리고 어떤 조치가 취해지기 전에는 또 다시 시간이 오래 걸릴 것임을 암시해주었다. 그래서 형광장치에 관한 이 장치는 차라리 지하실에 저장해 두는 것이 차라리 좋을 것이라고 생각했다.

어느 한 국립공원의 캠프파이어 대화에 참석했었는데 처음에는 목소리를 증폭시켜 주는 장치가 고장이 나서 방문객들이 1시간 30분 이상을 기다렸다. 이 캠프파이어 대화에 참석했던 사람들은 보통 때와 마찬가지로 아주 인내력이 있었고 그들에게 제공되었던 해설에 대해 감사하고 있음을 알았다.

그곳에서 제공되었던 각각의 프로그램이 흥미 있었기 때문에 계속해서 이틀 밤을 같은 장소에 갔었다. 똑같이 기계에 문제가 있었고 또 다시 행사가 지연되었다. 실제로는 둥근원이 넓지 않아서 그 증폭기가 전혀 필요하지 않았다. 증폭기가 작동되었을 때는 잘못 맞춰졌으며 오히려 불쾌하기만 했다. 저자가 들었던 해설가(그들 중 두 명은 잘 선택된 질 좋은 영사기를 사용했었음)들 중 한 명은 기계 장치를 사용하지 않고도 완벽하게 그의 생각을 전달할 수 있었다.

어떤 증폭기는 차라리 필요악이었을 뿐이고, 최소한의 적절한 훈련을 받았던 보통의 해설가가 그렇게 넓지 않은 공간에서 특별한 노력 없이 완벽하게 해설을 수행한다는 사실을 강조해도 지나치지 않을 것이다. 그 주제에 대해 많은 문헌이 있기 때문에 이 사실에 대해 더

유니폼 입은 해설가가 워싱턴 D.C.에 있는 링컨 기념관을 찾는 방문객을 맞이한다.

이상 언급하지 않겠다.

　마지막으로 기계장치에 의존할 때 피해야 하는 또 다른 위험이 있다. 한 해설가는 자동화의 도래를 "그것은 나에게 연구에 필요한 시간을 더 많이 제공하기 때문에" 기쁘게 바라본다고 털어놓았다. 이것은 진정한 의도가 분명히 아니다. 만일 해설가가 기계장치를 다룰 능력이 있다면 연구에 몰두하지 말아야 된다는 의미로써 이해되어지진 않을 것이기 때문이다. 반면에 해설가는 아주 적절하게 연구에 몰두한다. 위에서 진술된 예는 좋은 보기가 아니다. 그 분야에서 현재 필요한 것은 연구가 아니라 직접적인 구두(口頭)로 행하는 해설이라는 사실을 실제로 생각했다.

해설의 기계 장치는 해설가와 방문객 간에 개인적인 접촉으로 행하는 직접적인 해설과 같지는 않지만 보충해 줄 수 있는 기계장치는 선택할 만한 해설적 가치가 있다.

14장
행복한 아마추어

아마추어라는 단어를 이야기하는 사람에게 그 용어는 온화한 면을 주는 사랑스러움이 있다. 우리는 누군가에 대해 "그는 아마추어다"라고 즐겁게 말하며, 아름다움 가운데 그것들을 감상하면서 살고 있는 행복하게 미소 짓는 메세나스(Maecenas)를 마음 속에 그린다. 사실 아마추어란 무엇인가? 우선 정상적인 일과 상당히 거리가 먼 것을 연구하는 데 관심을 소비하는 사람이다.
—피에르 홈버트

수세기 동안 많은 단어들이 생성되고 사라졌으며 그 중 몇몇은 오히려 더 나쁘게 변했다. 사무엘 존슨(Samuel Johnson)의 사전에는 '말참견하는이' '친절한 또는 유용한' 의 의미로 정의되어 있다. 지금 만일 당신이 어떤 사람에게 '말참견 한다' 라고하면 그를 모욕한 것이다. 왜냐하면 그는 건방진 간섭쟁이가 되기 때문이다. 샹플레인(Champlain) 은 지금은 미국 동북부 끝 메인 주(州)의 아카디아 국립공원 내에 포함되어 있는 마운트 데저트(Mount Desert) 섬은 '거주하다' 라는 의미인데 지금과는 정 반대로 '황야' 를 뜻했다는 의미로 적고 있다.

어떤 것의 가장 슬픈 운명이 '아마추어' 라는 단어에 의해 고통을 받아 왔었다. 그 좋은 오래된 명사가 언제 일상적인 용법을 벗어났는지에 대해서는 확실히 알 수 없다. 아마추어는 지금은 장난삼아 하는 사람이나 손재주 없는 사람 그리고 열등한 사물을 만드는 사람을 의미한다. 참으로 가엾다! 물질적인 이익이나 명예 혹은 탁월함이 목적이 아니라 일 자체를 사랑했기 때문에 한 때는 행복할 수밖에 없는 사람을 의미한다고 할 수 있다.

인간은 지성과 감성 만을 부여하며 기뻐했다. 물론 좋은 취미는 종종 삶에 세월을 더해주는 취미 이상의 것이다. 영혼을 더욱 만족시키며 더 높은 고귀한 것을 의미한다는 뜻을 알게 될 것이다!

첫째, 아마추어 정신의 부흥이 절실히 필요한 이유를 생각해 보자. 지난 수년간, 여가 시간이 많이 늘어나면서 미국인의 사회생활에 대한 예민한 문제를 다루었던 기사들이 잡지에 많이 실렸다. 사회주의자나 경제학자와 심지어 심리학자들까지도 다투어 이 문제를 다루었다. 최근 질문되는 타이틀에 대해 '당신은 주말 노이로제에 걸려 있나요?' 였다.

요점은 수백만 명의 미국인들은 직장으로부터 해방되기를 열렬히 갈망하며 '그들 자신은 불안감이나 가끔씩 만성병을 느끼며 여가와 휴식에 대한 뿌리 깊은 공포' 속에 처해있음을 발견하는 것 같다. 이유는 충분하고 명백하다. 이런 주말 분위기의 희생자인 현대인은 여가를 즐겁고 기쁘게 보내는데 익숙하지 않았다.

그러나 변명할 수 없었다. 무계획적이고 무감동한 자유시간은 오히려 불행할 수 있다. 우리는 이런 일을 경험한 로마인들을 언급할 필요가 있다. 성공했던 미스리대틱(Mithridatic) 전쟁으로부터 관습적으로 열심히 일하는 로마인의 정치는 동방으로부터 보물과 노예를 얻었으며 그 결과 정말로 많은 여가 시간을 갖게 되었다. 그러나 그것은 가장 능력 있는 제국의 귀족마저도 억제할 수 없는 사회적 불안이나 실업으로 끝이 났다.

오늘날 우리는 수입된 노예나 정복으로 획득한 풍부함을 다루려는 것이 아니라, 생산비 절감을 통해 더욱 더 많은 여가 선용이라는 같은 목표에 도달한다는 것이다.

대조적으로, 그리스의 '황금시대' 즉, 페리클레스 시대의 사람들은 여가 시간을 적절히 사용할 수 있는 상당한 지식을 가지고 있었던 것 같다. 아테네에도 역시 노예들도 있었고, 게다가 노예도 아니고 시민권도 없는 대규모 단체도 있었다.

그때 그리스인들은 확실히 많은 결점을 가졌음에도 불구하고 많은 사람들이 음악과 연극과 오페라 그리고 논리적인 토론 솜씨를 지닌 아마추어들이었으며(심지어 아리스토파네스를 믿는다면) 배심원석에 앉을 열정을 갖고 법적인 시시한 일을 따질 수 있는 행복한 여러 가지 재주를 가지고 있었다.

어쨌든 아테네인이 '주말'에 지루하지 않았을 것이라고 생각한다. 완성된 예술가나 사상가를 배출했던 공화국에서 사람들은 여가 시간을 그런 식으로 즐겁게 보냈음이 틀림없다. 그들은 행복한 아마추어였다. 창조할 능력이 없는 사람은 감상하거나 격려 할 수 없다. 행복한 재능이여!

지금 만일 이런 관찰이 실제로 옳다면, 그것은 정직한 행정가와 국립·주립 그리고 다른 공원과 공공 또는 개인 소유의 박물관 그리고 역사적인 고택—어느 정도의 해설과 관련이 있고 실행되고 있는 모든 보호구역들—에서 일하는 사람에게는 매우 중요하다. 혼신을 다해 보존구역의 가장 좋은 해설과 보존 가능성을 깨닫기 위해 최선을 다하려는 해설가뿐만 아니라 그런 곳을 사려 깊게 생각하는 행정가도 끊임없이 날카롭고 정직한 질문— '내가 하려는 것이 무엇일까? 미국인의 삶의 계획 속에서 이 기관의 임무는 무엇이며 나는 어디에 속하는가?' —을 통해 자신을 점검하고 또 점검한다.

우리의 자연과 역사의 기원에 대한 실제적인 기록을 지키고 보존하

메사버드 국립공원에 오는
방문객은 가까운 거리에서
보존된 다양한 층으로 형성된
인디언들이 절벽에서
생활했던 주거지를 관찰 한다.

는 일은 물론 중요하다. 그리고 좋은 상황
을 단순히 우리의 가장 중요한 보물들 즉,
미래에 파괴되기 쉽고 대체할 수 없는 보물
을 위한 연구로 '학문의 저장소'를 만들 수 있다고 생각한다. 왜냐하
면 보물은 언약의 궤(모세의 십계를 새긴 돌을 넣어둔 상자)이고 심지어
보물을 볼 수 없을 때에도 보물이 존재하며 안전하다고 느끼는 영감
때문이다.

　　그러나 불행히도 이런 것은 보기 드문 사례를 제외하고 전혀 필요

참여는 해설의 가치 있는
요소가 된다. 에버글레이드스
국립공원의 습지를
탐험하면서 방문객은 몸이
젖거나 흙탕물을 뒤집어쓴다.

없다. 귀중한 자원을 전부 써 버리지 않는 한 이용할 수 있기 때문이
다. 그것을 이렇게 생각해보자— '자본을 낭비해서는 안되며 열광적
으로 관심을 가져야만 된다라고'.

아, 그러나 어떻게? 그것이 바로 해설가가 알고 싶어 하는 것이다.
훌륭한 통칙은 다음과 같을 것이다. 우리는 이 보호구역을 보존해야
한다. 그러면 모든 사람은 우리의 자연과 역사적 기원에 대한 기초
자료에 접근할 수 있으며 게다가 그들의 일상생활로부터 세계로 그
리고 미와 예술 혹은 중요한 순간 그리고 놀라운 사건 속으로 들어가
는 긴장 완화와 신기함을 가질 것이다. 그러나 어떻게 이 칭찬할 만
한 아름다운 의도를 우리의 방문객이 공원이나 박물관 혹은 역사적
유적지를 떠날 때 실제로는 끝이 아니라 시작점으로서 지속적인 관
심을 가질 수 있도록 바꿀 수 있을까?

비록 그런 장소를 방문하여 이룩한 전문가들의 나라를 만드는 것이 바람직하든 바람직하지 않든 간에 해설가는 이것이 불가능하다는 것을 알 것이다. 방문객은 교육받지 않았기 때문에 어떤 것을 집으로 가져갈 수 있는 직접적인 교육적 습득은 아쉽게도 적다. 방문객은 새로운 것을 시도하고 견본을 얻거나 또는 보려고 온다. 그랜드 캐년은 조(Joe Smith)가 저자에게 말했던 것만큼 실제로 아름다운가? "모든 사람들은 라라미에 성과 벤더빌트 집 혹은 몬티첼로(Monticello)를 방문해야만 한다"고 그는 들었다. "좋다, 내가 여기에 왔으므로 내게 보여 달라".

방문객은 그것을 모르지만 기쁘게 속아 넘어간다. 목표에 대한 호기심과 모호함 때문에 방문객은 해설가에게 기회를 주었다. 어떤 기회인가? 특별한 정보의 꾸러미로부터 방문객을 멀어지게 하려는 것이 아니다. 만약 어떤 방문객이 우연히 라라미에 성을 방문했다면, 방문객은 어떤 불행한 지도자의 이름이 페터맨(Fetterman)인지 윙켈맨(Winkelman)또는 피바디(Peabody)인지 혹은 그 요새가 몇 년에 세워졌는지를 기억할 수 없을 것이다.

아니, 이 기회로 말미암아 서부로 이주한 위대한 미국인에 대한 아래의 이야기가 방문객을 전율시킴으로써 행복한 아마추어가 되게 한다. 일몰 때 오레곤 트레일로 뒤쪽에 징을 박은 구두를 신고 터벅거리는 것과 서부의 정복 그리고 그곳의 번성함, 라라미에의 이야기는 중요한 부분이지만 전체적 그림은 방문객이 자신의 여가 시간에 관심을 갖도록 하는 것이다.

우리에게는 그러한 행복한 아마추어가 많다. 그러나 미국의 복지를 만족시키는 것과는 거리가 멀다. '서부 사람들' 이라 불리는 단체를 들어본 적 있나요? 거기에는 행복한 아마추어들이 있는데, 그들 가운데는 능력 있는 역사가도 있을 수 있고 남자 상인도 있을 수 있다. 대부분은 단지 술 한 잔 건배하거나 간식을 먹기 위해서가 아니라 매력적인 역사적 탐구를 좋아하며 마음을 나누기 위해 모여든다.

소위 "남북전쟁의 둥근 탁자"에 많은 사람과 함께 모여 있다. 만약 여러분이 이런 모임에 참석했더라면 남북전쟁의 아마추어들 중 어느 누구도 자신의 여가 시간을 기쁘게 사용하면서 유쾌했을 거라고는 결코 생각할 수 없었을 것이다. 저자가 알기로는 그들 가운데는 아마 신경성 환자도 있었을 것이다. 그러나 신경성은 그것 때문에 생기지는 않는다.

어떤 사람에게 예술과 과학 분야의 아마추어가 되려면, 반드시 정규적인 교육의 배경이 필요한 것은 아니라고 생각한다. 아리조나 주(州) 나코(Naco) 근처의 큰 목장에서 살았던 마크 나바레테(Marc Navarrete)와 그의 아버지 프레드(Fred)의 경우는 이런 사실에 대한 흥미로운 훌륭한 보기다. 아리조나 대학의 에밀(Emil W. Haury)박사는 이 두 사람에 대해 다음과 같이 썼다.

'나바레테(Marc Navarrete) 씨 가족의 모범적인 태도와 빈틈없음은 관심이 있는 아마추어와 전문가에게 커다란 도움이 된다. 이런 사람들이 남서부에 있는 선사시대의 조상에 대해 명확하게 이해심을 증가시켜주기 위해 했던 중요한 역할이 그들에게 영원히 만족되기를 진지하게 바란다'.

프레드와 마크 나바레테는 그린부시 시냇물(Greenbush)에 의해 부식되었된 수로를 약 15년 동안 그 수로가 넓혀지고 깊어지는 것을 관찰했었다. 어떻게 나바레테(Navarrete)가 고고학에 관심이 있었는지 몰랐지만 남서부에 있는 국립공원 관리청 고고학 분야의 한 곳을 방문해 알 수 있었다. 모든 사건에서 마크 나바레테는 매머드의 뼈와 아주 밀접한 관계가 있는 두 곳의 돌출 지점을 발견했다는 소식을 1951년 9월 구두(口頭)로 아리조나 주(州) 박물관에 전했었다.

진정한 아마추어는 자신이 발견한 물건의 중요성을 안다. 마찬가지로, 더 많은 발견은 전문가의 의무라는 것을 깨닫는다. 애밀 호리(Emil Haury)가 말했듯이 '아마추어 정신의 승리'는 그린부시 시내바닥을 계속 파서 선사 시대의 '학살'과 최소한 수만 년 전에 학살되었음을 명백히 나타내주는 증거가 되는 여덟 개의 돌출된 지점을 발견하는 일이다. 여러분, 나바레테 가족에게 주말이 똑같은 발굴 작업으로 휴식이 없고 지루했다고 하여 즐겁지 않았다고 생각하는가?

이 장(章)의 첫 부분에서 취미주의자와 아마추어의 차이를 설명했다. 취미를 싫어한다고 빈정거리지는 않는다. 취미주의자는 가끔 훌륭한 아마추어로 발전한다. 그러나 일반적으로 말해서 취미주의자는 사물에 관심이 있는 반면 아마추어는 주로 생각이나 문화에 관심이 있다고 생각한다. 예컨대 동전 수집은 취미이며 가치 있는 일이다. 그러나 여러분이 주조 날짜와 근원과 관련이 있는 다양한 미국 동전을 수집한다면 그 일은 완결된 것이다. 만일 여러분이 그 일에 계속해서 관심이 있다면 다른 종류의 동전으로 다시 수집을 시작할 것이다.

반면, 여러분이 고대 로마나 그리스 동전에 관심이 있다고 상상해 보자. 동전을 수집하느라 재정적인 어려움을 겪기 전에 수집가는 이 동전을 통해서 과거 로마나 그리스 사회와 경제적 생활에 익숙해짐을 깨닫는다. 고전학자는 아니지만 로마의 동전에서 단어 아노나(Annona)나 리베라리타스(Liberalitas)를 보면서 로마 제국의 점진적인 멸망을 들어서 알게 되고 황제가 폭도를 진압할 만한 많은 실업수당이 없을 때 갈리에누스(Gallienus)의 가짜 '은' 동전을 통해서 경제적 부흥을 꾀했음을 알 수 있다.

에버글레이드스 국립공원을
찾는 또 다른 방문객들은 샤크
계곡을 통과하는 궤도전차를
타고 해설을 들으며
야생동물을 가까이에서 볼 수
있다.

그리스 동전에서도 마찬가지다. 화폐를
바꾸려고 노력했던 다른 고장 사람들이 아
테네의 '올빼미'가 새겨진 동전을 열렬히
찾은 이유를 이해하기 시작했다. 그것은 '좋은' 돈이었다. 심지어 아
테네인들은 가장 혼란스런 정치적 순간에서도 미네르바 새(지폐에 그
려진 새)를 떨어뜨리는 것을 피했다. 고대 르네상스 후기의 현인 페레
스키우스(Pereskius)는 고대사를 공부하려고 고대의 동전을 사용했다.
그는 전문적이 아닌 아마추어 역사가였다.

행복한 아마추어가 되는 기회는 주변의 공원들이나 주·시립 공원
의 자연적, 과학적 분야에서 상당히 많은 기회가 있는 것 같다. 이미

새, 바위, 광물질과 꽃 그리고 나무들, 심지어 운석학에서 그러한 관심을 말하지 않고도 기쁨을 느끼는 수만 명의 사람이 있다.

최근 캐나다 오타와에서 시작된 뉴스 전파가 광범위하게 아래와 같은 제목으로 인쇄되었다:

우핑 두루미는 오지 않았다

격동의 세계정치 속에서 우핑(Whooping) 두루미가 어디에 도착했는지 혹은 심지어 두루미들이 어디로 떠났는지에 대해서 아무도 신경쓰지 않을 것이라고 여러분은 생각할지 모르겠지만 신문사는 시간을 낭비하지 않을 것이다.

진실로 우핑 두루미를 많은 사람들이 확실하게 볼 수 없고 가장 훌륭하고 가능한 방식으로 야생생물에 대해 접근하는 진정한 아마추어들에게만 관찰된다고 몇몇 소식통들이 전할뿐이다. 왜냐하면 야생생물은 우리의 고귀한 진화의 기록이기 때문이다. 톰슨(A. Thompson) 교수가 말하기를 '이 미천한 생물은 우리 자신의 삶과 함께 있다'. 단 하나의 종이라도 우리의 사소한 실수 때문에 멸종되어서는 안된다.

바위나 광물질 특히 어린이에 대한 관심은 지난 25년 동안 놀라울 정도로 증가했다. 이런 관심은 계속해서 빠르게 성장할 것이고 아침 대용으로 먹는 곡물(Serial-시리얼) 제조자는 다른 많은 것들을 제공한다는 약속과 함께 각각의 포장 꾸러미에 광물질 표본 실험을 동봉하였다. 그 표본의 크기는 중요하지 않았고 중요한 언급만 약간 있었을 뿐이었다 : 현대 광고에서 볼 수 있는 고상하고 기묘하게 지적으로 고안된 수단이었다.

여기서 다시 어떤 것을 수집하려는 욕구(그 자체로 좋은 것)와 조금 더 크고 더 만족할 만한 개념을 다루는 아마추어 정신의 차이점을 제안한다. 아주 훌륭한 수정들—석영과 전기석과 석류석—의 진열장을 모을 수 있고 우리의 삶과 무관한 동료들에 대해 전혀 신비롭게 생각하지 않을 수 있다. 그것은 여러분이 눈에 띄지 않는 조그만 돌멩이를 손으로 만지며 작은 식물과 태양 그리고 다른 물질에 의해 흙으로 부서지며 우리의 생활을 가능하게 한다는 것을 생각할 때이다.

빙하 작용으로 옆길로 빠져 나가 남겨진 돌 위에 앉아 있을 때, 식물과 야생 생물 그리고 심지어 한 나라의 사람들이 자신들이 이해할 수 없을 정도로 증가하는 냉기(冷氣)로부터 벗어나 남쪽으로 주거지를 옮겨야만 했을 때 바위와 광물들이 덧없는 인류의 기원에 큰 결정을 첨가하기 시작할 때 행복한 아마추어가 된다.

만일 여러분이 많은 지질학자들을 태운 버스가 오래된 몇 군데의 채석장이나 광산에서 나온 쓰레기 위로 기어 올라가는 것을 보았거나 지질학자가 표본에 대한 경험을 교환하는 모임에 참석했다면 적어도 그들 중 몇 명은 약간의 신경성에 걸릴 거라고 결론 내릴 것이다. 왜냐하면 휴일의 매력까지는 측정할 수 없기 때문이다.

예를 들어 눈에 보이는 사실을 보기로 하자. 한 순간 대부분의 사람들에게 마음과 정신을 풍부하게 바꿀 수 있는 것보다 더 많은 여가 시간이 있다. 앞으로 더욱 더 많은 여가 시간을 가진다는 것은 명백하다. 공식적인 교육기관에서는 이에 대한 방향 지시를 거의 못하며 이 공허감을 채우기 위해 노력하지도 않는다.

공식적인 교육 기관에서 그렇게 행해져야 된다고 말하는 것은 아니다. 아마도 물건이나 수단을 만드는 유능한 전문가와 지식인을 배출하는 방법이 진정 그들의 일이다. 만일 여가 시간을 최대한 활용하는 코스를 설치해야 된다고 제안했다면 정상적인 교육가는 무척 괴로워할 것이다.

북 캘리포니아에 있는 뮤어 숲의 웅장한 숲에서 해설가가 아이들과 함께 하고 있다.

'성인교육'과 비교해볼 때, 가치가 어떤 것이든 간에 방향은 같다. 그 방향은 불행이나 기회의 부족과 무감각 혹은 느린 발전으로 내버려졌던 틈을 채우고 훨씬 유능한 일꾼이나 전문가를 양성해야 된다는 점에서는 결국은 같다. 그리고 여러분은 여전히 멋진 주말을 즐길 수 있다.

이런 환경에서 사람들에게 여가 시간을 행복하고 효과 있게 보내도록 도움이 되었으면 하는 희망으로 국립공원과 주·지방공원과 박물관 그리고 다른 문화적 보존 구역에서 여가 시간을 잘 이용하는 방법이 생겨났던 것 같다.

유사하게 이 분야에서 일하는 해설가에게는 커다란 도전이 있다고 생각한다 — 무엇을 행하고 무엇을 말해야 되는지 어떻게 길을 안내할까, 어떻게 방문객의 삶과 어떤 한 가지 것 또는 모든 보존할 만한 보물들을 연관 지을까, 끝으로 목표없이 찾아오는 관광객에게서 어떻게 특별한 생각을 이끌어 내도록 유도할까, 즉, "이것이 나의 관심거리다".

한 가지 것에 대해 확신하는 좋은 생각이 있다. 그것은 단순히 물건을 전시하거나 단순한 사실을 알려줌으로써 얻어지는 것이 아니라, 그것은 정신이다. 다시 말해서 정신과 진실로써 방향 제시를 해야만 한다.

'행복한 아마추어'에 관해 약간 과장해서 설명했다. 우리는 적어도 모든 사람을 위해 그렇게 완전하게 할 수는 없다. 그래도 생각은 좋다. 좋은 단어인 아마추어를 오염된 상태에서 되찾도록 노력하고 빛을 내어 풍부하게 사용하자.

벤자민 프랭클린도 아마추어였음을 기억하시오. 그는 조금 앞선 시기의 거물이었다. 과학 협회의 회원이었고 발명가였고 외교관이었다. 또 문학가이자 정치가였다. 그러나 벤자민 프랭클린의 유서는 다음과 같이 첫 구절을 시작했다. "나 벤자민 프랭클린, 출판업자…".

출판은 그의 직업이었다. 다른 분야에서는 자신을 행복한 아마추어로 생각했다. 많은 다른 분야에서의 성공이 그의 여가 시간과 밀접하게 관련되어 있다.

진·선·미 모두는 다 같으면서도 다른 면을 가지고 있다. 미는 원래 궁극적인 것은 아
니다. 내적이면서 영원한 아름다움의 선구자이다. 자연의 마지막 대의명분에 대한 결말
이거나 가장 격조 높은 표현이 아니라 부분으로 있어야 된다.   —에머슨

I

1965년 2월 미국의 존슨 대통령은 '자연의 아름다움'에 대한 글을
의회에 보냈다. 자연에 대한 글을 보낸 이 글은 미국 정부 역사상 아
마도 유일한 서한이었을 것이다. 한 나라의 지도자가 인류의 복지 분
야에서 미에 대한 중요성을 생생하게 제창했으며 맹렬하면서 열광적
으로 무정한 과학이 추할 정도로 파손시켰던 나머지 아름다운 유산
을 재건하려는 움직임을 취할 때 이와 같은 유사한 예를 그 누구로부
터 기억할 수 있겠는가? 위대한 헌장이다. 아름다운 자연을 보존하고
수리하고 물질 만능주의에서 벗어나야 할 때이다.

독일의 시인 괴테는 "유용함 자체가 신뢰를 주기 때문에 아름다움
을 발전시키기 위해서는 가장 큰 노력을 해야 된다"라고 말했다. 진
정으로 유용함은 작용하는 형이하학적인 요소 이외의 어떤 것도 필
요로 하지 않는다. 그것에 대해 논쟁할 필요가 없다. 초기에 미국의

자연 경관이 불가피하게 개조되었다. 즉, 풍부한 자원이 아주 심하게 개발되었고 강(江)들도 이용되었으며 초원도 경작되었다. 길도 표면에 상처를 내야 했으며 처녀림도 무너졌다.

철학적으로 먼 안목과 통찰력을 가진 몇몇 사람을 제외한 일반인들이 더 풍부하고 안락한 생활을 목표로 하는 상황에서 무분별하게 자연을 파괴하는 행위를 절제하리라는 사실을 기대할 수 없다. 이렇듯 사람들이 그런 파괴행위에 몰두하고 있는 바로 그 자체로서 주어진 악역이 아닐 수 없다. 슬픈 불균형 만이 계속해서 일어난다. 인간은 빵이나 기계 장치 만으로는 살 수 없다. 삶으로부터 미를 이용해야 한다. 천문학적인 돈과 호화로운 사치가 공허함을 채울 수 없을 것이다.

여기에 놀라울 정도로 명백한 불균형이 있다. 아름다운 자연이 인구의 폭발로 수백만 명의 사람들이 자연을 찾거나 접근을 서두르는 것처럼 빨리 사람에게서 물러서는 것을 볼 수 있다. 타락하고 있는 도시의 빈민가와 고장난 일단의 지겨운 자동차들과 상업의 저속함으로 아우성치며 줄을 선 도로와 매연으로 오염된 공기와 물 또는 강이나 바다의 고기를 죽게 하고 인간을 위협하는 오물이나 화학 약품이 아주 많이 쌓여있는 강과 호수 그리고 강어귀들. 존슨 대통령의 글에서 신중한 용어를 사용하여 전체적으로 재미있는 묘사로써 윤곽을 드러냈다.

대통령의 호소가 효과가 있었을까? 벌써 효과가 있을 거라는 암시가 있었다. 한번 파괴된 자연은 재생하는데 많은 시간이 걸릴 것이다. 자연은 남용된 인간의 신체적인 병을 느리게 치료하고 더욱이 정신의 병은 더 천천히 치료한다. 모든 시민들에게 알 수 있도록 경고하는 놀라운 정치적인 수준의 표시들이 있다.

철학자 임마누엘 칸트(Immanuel Kant)는 "고귀한 감정에는 아주 관심이 적었지만, 사상에 의해 안내된 커다랗고 연관된 개인적이며 사회적인 임무 수행에 대해서는 대단히 자연스럽게 존경을 나타냈다"고 조시아 로이스(Josia Royce)는 말했다. 중요한 것은 시기가 적절했다. 미를 올바르게 보존해야 된다는 주장은 단지 '고상한 감정'에만 머무를 수 없다. 단순히 입법 분야뿐 아니라 우리 모두가 이해하고 행동해야한다.

II

국회로 보냈던 글은 외견상 혹은 그 말 자체의 의미보다 훨씬 더 중요하다. 자연적인 아름다움은 무엇인가? 미(美)란 진정으로 무엇인가?

가장 현명한 철학자도 영어로 미(美)라고 명명할 만한 인간의 감정을 설명하거나 규정할 수 없었다. 모든 언어에는 그에 상응하는 단어가 있다. 폴 쇼레이(Paul Shorey)는 플라톤에 대한 연구를 회고하면서 미에 대한 느낌을 '고상한 불안과의 접촉 즉, 일상생활보다 더 훌륭한 특성을 찾는 것'이라고 말했다. 또한 미를 사랑하면 진(眞)과 선(善)을 인식하는 안내자가 된다고 하였다. 얼핏보면 이 말이 모호하게 들리지만 그것은 우리가 미를 이해하기 위해서 찾아야 되는 길을 알려줄 것이다. 확실히 우리는 표현력 밖의 필수 요건을 다룬다. 그러나 우리는 할 수 있고 또 했으며 그것의 실재를 느낀다.

자연의 아름다움을 주로 시각뿐 아니라 다른 감각 기관들에 의해 인식하기 때문에 우리는 처음에는 더욱 극적인 형태에 의해 압도된다. '깜짝 놀랄 만한 것'이라는 표현은 진부하다. 그러나 그 표현이 정확하고 생기 있는 감정의 들끓음을 나타낸다. 그 영향 이후에 우리가 감지하는 것은 아름다운 환영의 말이며 그 배후에는 세세한 미의 무한정한 세계가 있다. 그런 구성 요소를 앎으로써 자연에는 어떤 추(醜)한 것도 없음을 안다. 우리가 파악하지 못한 미에 대한 간단한 양상은 외견상 예외이다.

가끔씩 우리의 이기주의적 관점으로 이런 아름다움을 자연이 우리를 대신하는 특별한 행위라고 생각한다. 만일 저자에게 유익한 약간의 환상의 힘이 주어진다면 이점에 대해서 여러분이 자연과 같이 할 수 있는 대화를 상상할 것이다. 미의 주제를 인내하며 경청한 후 자연은 스스로에 대해 다음과 같은 말을 할 것이다.

'여러분이 저지른 실수의 근본을 안다. 원인은 당신의 아주 제한된 지식에서 생겨난다. 여러분은 내가 미의 한 분야—내가 미를 나의 활동 분야 중의 하나로 생각했다—를 가졌다고 생각하겠지만 실제로 미를 의미한 것은 아니고 자연인 나는 아름답다. 아름다우면서 또 다른 것이다. 예컨대 여러분이 표현을 잘 하기위해 애써서 사용하는 추상적인 개념 즉, 질서나 조화나 진실과 사랑이다. 여러분은 자연인 나로부터 기쁨을 느낄 수 있다. 기쁨 뒤에 나를 나타내 주는 절대적 미가 있다. 이해하기 어려운가? 이해하기 어렵지만 당신은 노력하고 있으며 나는 여러분이 가지고 있는 노력을 좋아 한다'.

아니다, 우리는 어렴풋이 이해할 수 있으며 신비가 언제나 우리를 감질나게 한다. 그러나 다행히도 정신적 행복에 관한 한 진실을 가지고 산다. 그리고 이 사실은 오염되지 않고 개발되지 않는 '원래의' 자연 모습에서 우리 자신을 고양 시킬 수 있다는 것이다. 요세미티나 티톤, 미국 삼나무 숲과 알프스 산맥과 이구아수의 폭포들—폭포가 있는 곳은 어디에나 그런 광경을 갖춘—과의 실제적인 접촉은 이전의 우리의 생각이나 느낌에 새롭게 지울 수 없는 특징으로 남아 있다.

그것은 진실이다. 진실의 형이상학적 근거는 중요하다기 보다는 더 흥미롭다. 미를 감상하는 정신적 능력을 키우며, 그것뿐 아니라 미와 반대되는 것 즉 추함, 마멸, 불일치 등에 더 민감하다.

　비록 미에 대한 순순한 분야는 전체에 비해서 서문에 불과하다 할지라도 그 순수한 분야의 중요성은 최소화 되어서는 안된다. 그것은 알파벳처럼 기본이다. 그런 글자가 없었다면 말도 없었을 것이고 말이 없었다면 의사소통도 되지 않았을 것이다.

III

　국민들이 효용성 때문에 미가 희생되는 것에 대해 무관심했으나 이제는 대통령이 제기했듯이 자연의 아름다움에 대해 고려할 때가 되었으며 아직도 우리에게 기회는 있다.

　잘 알려진 바와 같이 극소수 국가들의 폭발적인 공업기술의 성장기간에 놀라울 정도로 뛰어났던 공업 기술을 가진 사람들을 겨우 진정시키는 한편 현명하게도 세상의 찬사를 받았던 국립공원 시스템을 체계적으로 잘 관리할 수가 있었다.

　우리에게 직접적인 이득은 거의 없을지 모르지만 충분한 시간은 있다. 미래를 내다보는 사려 깊은 많은 사람들이 초기부터 있었다.

　일단의 미래를 생각하는 사람이 다른 나라에서처럼 너무 늦기 전에 우리의 유산 통합과 문화재 보존의 필요성을 알고 있다는 진보적인 생각도 사실이다. 이 경우에서처럼 우리가 정신적 도덕적 가치에 대해 전혀 마음을 쓰지 않은 것도 아니다.

　미의 보존과 확인이 양치기 소년처럼 주의 깊은 몰두와 지속적인 신념의 댓가가 필요했던 반면, '유용함이 그 자체를 격려한다' 라는 우울한 사실에 충분히 신경쓰지 않았다. 만일 자연적인 아름다움이 잘 보존된 장소나 역사적인 과거의 기념비들이 회상할 수 있는 추한 환경 속에서 고립되었더라면 번영할 수도 영감을 주는 것으로 남아 있을 수도 없다. 이것은 아름다움에 대한 우리의 경외심을 없애는 것이다.

링컨의 말로 바꿔 보면 우리의 문화적 정신적 열망은 절반은 아름답고 절반은 권태로운 세상에서 사그러들어야만 한다. 우리는 불가능한 내용을 생각하지 않을 것이다. 그러나 기계화되고 통제된 생태계에서는 외견상 자연미를 많이 파괴했으며 파괴 행위가 불가피한 것이기 때문에 분명 불가능한 것이 있다. 아직도 영혼을 간직한 채 그것을 미국에서만 보여줄 수 있는 피할 수 없었던 상황이었다고 옹호하였음을 자백한다. 그것이 바로 우리가 실패했던 부분이다.

IV

말해왔듯이 이 메시지는 필수불가결한 내용이지만 단지 합법화 시키는 문제가 우선이 아니라는 생각이 앞서야 된다. 예컨대, 자연적인 미가 아주 많고 장엄하고 경외감을 불러일으키게 하는 반면에 뛰어날 정도로 두드러지지 않는 아름다움과 심지어 숨겨진 멋이 있는 국립공원 체계분야에서 그것의 의미는 무엇이며 현재 무엇이 필요한 수단인가? 국립공원청이 할 일은 미의 해설과 보호이다. 어떻게 다른 방법이 있겠는가? 해설가는 자연주의자이거나 공원경찰, 역사가 혹은 기계공이건간에 이 귀중한 문화적 재산과 방문객 사이의 중간 매개자이다.

완전한 것으로 여겨지는 미에는 중요한 면이 있다. 해설가의 의도는 직접적으로 다음의 4가지 사항에만 관심이 필요하다고 생각한다.

1. 공원 방문객의 감각에 호소하는 경치 혹은 풍경 즉, '야생'의 아름다움과의 접촉.

2. 마음을 탐험하는 아름다움: 자연법칙의 폭로.

3. 인공의 미: 아름다운 것을 만들어 내려는 인간의 열망.

4. 인간이 자신을 보여줄 수 있는 행위 혹은 행동에 대한 아름다움.

(a)

감각 기관을 통한 자연적인 아름다움은 아름다움 그 자체를 해설하기 때문에 해설이 분명히 필요 없다. 여기서 해설가는 단지 정찰병이나 안내자 역할을 할 뿐이기 때문이다. 안내자는 자신이 발견해 왔던 가장 환상적인 장면으로 방문객을 이끌고 자신은 침묵한다. 여러분은 난초를 꾸밀 것인가? 안내자는 심지어 '미'의 사용을 절제한다. 방문객에게 경치나 혹은 은둔하는 개똥지빠귀의 노래를 아름답다고 생각하도록 제안하는 것은 무례하기까지 하다. 그들은 알고 있다. 이런 면에서 미의 소유는 굉장히 개인적인 것이다. 그것은 개인의 발견이며 충격이며 감상이고 개인이 발견한 미에 대한 관점을 보았거나 들었던 의미 이상이다. 방문객은 지금까지는 알지 못했던 자신에 대한 의미를 발견해왔다. 아니, 우리는 그런 관점에서 미를 해설하지 않고 단지 보여줄 뿐이다.

(b)

바로 여기에서 정확하게 해설가의 임무가 시작된다. 감각 기관으로 감지할 수 없는 숨겨진 미가 있다. 진실로 이런 관점은 두 가지 형태를 취한다. 그것은 우리가 질서—일하는 자연—라고 생각하는 자연적 미와 인간이 부분적으로 미를 이해하게 하는 인간의 마음을 계발하는 미의 표출이다. 사람들에게 아름답게 보고 느끼게 하는 힘은 무엇일까?

이 책에서 저자의 의도는 해설에 대한 실용적인 개념을 주는 것 이외에 해설가가 마음 속에 지녀야만 하는 일련의 원칙들을 정하는 것이다. 스스로 전적으로 만족하지는 않지만 어느 누구도 좋은 방법을 제공할 것 같지 않아서 그것을 따를 뿐이다. 그러나 현장의 해설가가 공원을 찾는 수백만 명의 방문객과 함께 가질 수 있는 1대 1 접촉에서 상당히 중요한 요소를 놓쳤다고 느낀다.

해설가는 해설을 해설이라 부르던지 부르지 않던 간에 일종의 교육활동에 종사한다. 그것은 교실 교육과 같은 교육활동이 아니다. 여러분이 의도적으로 가르치겠지만 학자연한 것은 아니다. 교육의 목표는 듣는 사람에게 무엇을 하라고 지시하는 것이 아니라 자신을 위해 어떤 것을 하도록 일깨워 주는 것이다. 그것은 섬세한 일이며 꽤 신중해야한다. 휴가 중인 사람은 수업처럼 듣는 식의 해설을 원하지 않고 공원에 교육받으러 오지도 않았다. 통찰력이 뛰어난 성공한 해설가도 그의 일이 바로 그들의 특성—무엇을 할까? 냉정하지 않고 확실히 멋있게—에 있다는 사실을 알아야 된다. 우리는 지력이나 이성에 호소한다.

감성에 호소하는 글로 이 가치 있는 활동에 활력을 불어 넣을 수 없을까? 자연이 아주 간단하고 명백하게 아름다운 풍경을 보여줌으로써 강렬한 인상을 심어줄 수 있을까? 침식과 산의 형성 그리고 인생을 그 환경에 적용시키는 것과 인간 만이 유일하게 위대하고 생생한 유기적 기관의 종(種) 즉, 우세한 종(種)이다—자연 속에서 인간의 위치를 즐겁게 노출시킨 모든 것들은 마침내 미의 한 면을 보여준다. 만일 해설가가 그렇게 느낀다면 그는 그런 감정을 투영할 수 있다. 감정을 설교해서는 안되고, 감정은 분석되는 것도 아니고 느껴지는 것이다. 만일 깊게 느꼈다면 서로 의사소통이 될 수 있다.

여러분이 보았던 장면과 들었던 자연의 소리를 미로 생각해보라. 어떻게 그것들이 생겨나는가? 과학의 목표가 더욱 많은 것을 알아야 한다 하더라도 우리가 어떤 것을 발견하든지 간에 한 가지 과정에 대해서는 확실하다. 마음과 영혼에 대한 호소는 눈이나 귀로 인식하는 것보다 훨씬 더 아름답다. 혹은 여러분이 그것을 어떻게 부르고 싶어 하든지 계속적으로 만족하고 싶어 할 것이다. 그것은 따뜻함이다. 이해를 덧붙이면 해설의 목적이 된다.

미국의 위대한 화학자 로버트 멀리켄(Robert S. Mulliken)은 최근에 노벨상을 받았다. 그는 한때 이 세상의 아름다운 자연에 대한 글을 썼는데 저자에게 깊은 영향을 주었다.

'과학자는 *자연을 기쁘게* 할 수 있는 아이디어를 찾아 대단한 인내를 발휘해야만 되며 *자연을 기쁘게* 하려고 하는 곳에 도달하기 전에 자연이 반복해서 과학적인 것을 거부했을 때에도 상당한 인내와 자기 절제와 겸손을 발휘해야 한다. 마침내 과학자가 그런 생각을 알게 되었을 때 자연과 일치되는 아주 친근한 어떤 것이 있다(이탤릭체는 저자의 생각임을 밝혀둔다)'.

과학자가 아닌 사람이 멀리켄이 의미한 '자연을 기쁘게'라는 말을 이해한다는 것은 과학적인 마음을 이해한다는 것이다. 그는 순수 과학자가 '아름다운 인용'—수단을 아끼려고 생각을 예술적으로 진술함—이라고 말할 때 과학자가 의미했던 뜻을 이해하게 될 것이다. 우리가 미를 추구하거나 느낄 때 '자연을 기쁘게 한다'. 물질만능의 세상에서는 도저히 성취되거나 유지될 수 없는 것처럼 단순하다.

(c)

인공적인 아름다움을 생각할 때—사람이 자연적 환경에서 관찰한

질적인 것을 만들려는 인간의 영감—우리는 복잡해지고 이해할 수 없는 영역 속에 놓인다. 많은 것을 추측해야만 한다. 구석기 시대의 화가는 알타미라의 동굴 벽에 달리는 사슴의 모습을 조각했었다. 선사시대의 숙련공에 대한 예민한 관찰의 결과로 그 숙련공의 정신은 현대의 기준으로 아름답다는 뜻으로 판명되었다. 그러나 그 구석기 시대의 화가의 의도가 미(美)였을까 아니면 쫓기는 영혼에 대한 위로—고기를 얻기 위한 신비적인 장치 즉, 유용성의 문제—였을까? 우리는 알 수 없다. 확실히 둘 다 가능하다고 결론 내려도 될 것 같다.

미네소타 주(州) 남서부에서 가져 온 북 미시시피의 흙무덤에서 발굴된 선사시대 인디언 화가의 작품 중 하나였던 빨간색 캘트리니트 점토암으로 만들어진 의식용 변기 모양의 통을 저자의 손에 들고 있었다. 그것은 유명한 로댕의 조각품 '앉아서 생각하는 사람' 의 시조인 듯 꽤 인상적이다. 이러한 초기의 예술가의 의도는 아름다움이었을까? 비록 종교적으로 중요했다 할지라도 그가 미를 의도했을 것이라고 생각한다.

분명 우리는 판단의 기준이 바뀌면서 취미나 전통을 따른다. 인공적인 아름다움을 이야기하는 해설가는 아름다움 자체를 다루려는 것이 아니라 미에 대한 인간의 태도를 다루며 그것은 따뜻하게 호소함으로써 생길 수 있다. 왜냐하면 지식이 아니라 마음에 호소하는 것이기 때문이다. 건축학에서 판단 기준이 바뀐다.

빅토리아 시대의 금으로 장식된 번지르하게 허울만 좋았던 물건이 오늘날에는 온화한 즐거움이다. 그 시대에 아름다움으로 간주되었던 구조물은 지금은 근심을 주는 예상 외의 일을 야기시킨다. 그러나 전 세계적으로 워싱턴 D.C.에 있는 링컨 기념관과 니메스(Nimes)에 있는 메이슨 카레(Maison Carre)의 파르테논의 고전적 아름다움에 놀라지 않을 사람은 없다.

우리 모두는 구조와 환경의 조화에 민감하다. 남서부 사막에서 생겨난 초라한 벽돌집 형태의 거주지는 사막의 흙으로 만들어졌고 건축사의 넓적다리 모양을 한 타일과 골풀 줄기로 지붕을 만들었고 어떤 예술의 원칙도 위반하지 않았다. 그 자체가 예술적으로 매력이 있는 값 비싼 구조라도 주변의 환경과 맞지 않으면 무용지물이며 거의 추할뿐이다. 그러므로 대도시 주위에서 경치가 좋은 곳의 편의를 찾기 위해 현재 노력이 행해지고 있다. 목적은 인공물 자체가 아니다. 더 훌륭한 자연미와 관련지어 보면 인공물들이 잘못된 곳에 있음을 알 수 있다.

누군가 아름다운 것을 만들어 내려는 영감을 해설할 기회를 찾기 위해 끊임없이 계속 토론할 것이다. 우리는 이미 손상시켰던 아름다운 자연을 복구시키는 것과 고유한 아름다운 환경의 기쁨을 부활시키는 노력을 할 필요가 있다

국립공원청 안팎의 해설가로서 경치의 미를 규정하거나 설명할 필요도 없고 해설을 필요로 하지도 않는다. 앨리스가 동화의 나라에 있었을 때 가짜 거북이는 추함을 가르쳐 주었던 늙은 거북이와 같이 학교에 갔었다고 그녀에게 말했다.

"나는 결코 아름다움을 손상하는 것을 들어보지 못했어"라고 앨리스가 위험을 무릅쓰고 말했다. 그리폰(Gryphon)이 놀라서 앞발 두개를 들어올렸다.

"아름다움을 추하게 하는것을 전혀 들어보지 못했다고!" 그리폰은 소리쳤다. "네가 아름답게 하는 것이 무엇인지 안다고?"

"그래" 앨리스가 미심쩍게 말했다. "그것은 어떤 것을 더욱 예쁘게 하는 것이야."

"글쎄, 만약 네가 아름답게 하는 것이 무엇인지를 모른다면 넌 쑥맥이다" 라고 그리폰은 말했다.

우리는 이제 아름다움을 손상하는 것이 무엇이고 그 추함이 생기는 과정도 알았다. 급하게 우리가 물질적 부를 얻으려면 오히려 손해 보거나 손해 볼 수 있는 것을 선택할 뿐이고 청구서는 시일이 다가왔을 뿐이다. 좋지 않은 환경에서 열심히 산다고 하더라도 환경이 우리에게 미치는 해로운 작용에 무감각하다. 그들은 기후처럼 피할 수 없는 듯 하지만 그것은 그렇지는 않다. 미에 대한 느낌은 아름답게 하는 것에 의해 극화될 수 있거나 새롭게 되었음을 시·주·군 그리고 읍에서 이미 볼 수 있었다. 이미 출발은 시작되었다.

해설가가 할 수 있는 것은 간접적이지만 따뜻하게 그들 자신의 신념에서 언제나 감수성이 예민한 인간의 마음에 호소해야 한다.

(d)

인간이 할 수 있는 행위를 미로 해설할 때 비관주의자로부터 무시당한다. 에머슨의 글에서 '경치는 인간의 특성만큼 좋다. 자연의 아름다움은 언제나 비현실적이어서 마침내 조롱하는 것만 같아야 된다' 는 내용을 읽었다.

"그러나 그것이 언제 그렇게 될 것인지 나에게 밝혀라"라고 비관주의적인 사람이 말했다.

우리는 대답을 찾기 위해서 고대—소크라테스, 예수 혹은 로마 대장 레구리스 까지 거슬러 올라 갈 필요가 없다. 그 대답은 과거에 있었던 것처럼 여기 현재에도 있다. 국립공원 체계에는 수많은 역사적인 기록물들과 도덕적 아름다움을 지닌 위대한 사람들이 있다는 증거가 되는 가장 훌륭한 해설이 있다. 그 뒷 배경에는 알려지지 않은 미천한 수많은 사람들이 살았으며 사라져갔다.

워싱턴의 출생지와 링컨의 위대함을 기리도록 보존된 몇몇 지역들과 그랜트와 리(Lee) 가의 한쪽에는 아름다운 아량을 다른 한쪽에서는 패배를 받아들이는 고귀함을 나타냈던 아포매톡스[22]에 있는 집, 콩코드의 다리에 있는 농부 출신의 군사들과 남북전쟁 전투지의 보존과 이 모든 것은 인간이 자신의 동물적 한계를 초월함을 증명하는 것이 아니고 또 무엇이겠는가?

베트남에서 한 병사가 날아온 수류탄을 몸으로 덮쳐서 동료들의 목숨을 구했다한다. 전쟁은 끔찍한 것으로 인류의 소망은 전쟁이 끝나기를 바란다. 전쟁은 아수라장 속에서 용기나 용맹 그리고 남녀 개개인에게도 희생을 주었다. 하버드대 교수이면서 철학자인 윌리엄 제임스(William James)는 그의 「전쟁과 상응하는 도덕성」—인간성에도 같은 공헌을 하였던 어떤 다른 것을 삶에서 찾으려는 시도—이라는 책을 썼을 때 그의 마음속에서는 부인할 수 없는 사실을 가지고 있었다. 그가 실패했던 것은 실패에서 그 자신의 아름다운 행동을 보여주었던 것 보다 덜 중요하다.

기념관이나 격전지에서 해설가는 병사들의 일단의 행동 즉, 전투 속에서 손실과 이득 지도자의 능력을 설명하여 탐방객을 전율케 할 것이다. 이것은 극적인 것과 상상을 자극하는 것 그리고 잊혀져서는 안 될 한 나라의 과거에 대해 요약된 단편 조각이 될 수 있다. 그러나 이것들은 마음이나 논리나 상상에 대한 호소다. 마음에 대한 호소는 인간이 그런 비극적 상황에서 아름다운 행동을 할 만한 방법을 어떻게 발견할 수 있느냐에 대한 이야기이다.

---

22 아포매톡스(Appomattox); 버지니아 주에 있는 국립 역사공원.

V

미를 감상하는데 있어서 문예부흥기적 호소를 추상적인 면과 그것의 특별한 점으로 국한시켜서는 안된다. 그것은 우리의 도덕적 성장에 중요한 교육내용이다. 아마 재교육 이라고 말하는 것이 더 좋을 것이다. 왜냐하면 언제나 가장 깊숙한 내부에서 삶의 문제에 부딪히게 되는 용기의 아름다움에 의존해 왔기 때문이다. 우리는 우리 자신을 잊어버리도록 놔버려 두었다. 기억을 되살아나게 하는 것이 해설가의 의무이다.

조계중은 현재 국립순천대학교 교수로 산림휴양과 공원관리 및
해설을 가르치며, 국립공원 및 보호구역관리를 위한 수단으로서
해설과 야외 체험활동에 대한 연구를 하고 있다. NAI KOREA 대표로
2008년 5월 속초 세계해설가 학(대)회 준비위원장인 그는 순천대학교
평생교육원 자연환경해설가 과정 지도교수로 해설가들을 양성하고
있으며, 국립공원관리공단 자문위원 그리고 산림청 숲해설가
인증심사위원으로 활동하고 있다.

해설의 바이블
숲 자연 문화유산 해설
Interpreting Our Heritage

3 판 인쇄   2024년 07월 25일
초판 발행   2007년 12월 15일

지 은 이   프리만 틸딘
옮 긴 이   조계중
펴 낸 이   이수용
펴 낸 곳   수문출판사
주   소   26136 강원특별자치도 정선군 신동읍 소골길 197
전   화   (02)904-4774
팩시밀리   (02)906-0707
전자우편   smmount@naver.com
북디자인   관훈미술기획(02)737-3283
인쇄제본   ㈜상지사P&B
출판등록   1988년 2월 15일 제7-35호

파본은 바꾸어 드립니다.

ISBN 978-89-7301-519-1 03480